U0460790

生活因阅读而精彩

生活因阅读而精彩

A slight smile fascinates the whole city

微微一笑很倾城

你最想要的迷人气质修习课

若 云/著

中国华侨出版社

图书在版编目(CIP)数据

微微一笑很倾城:你最想要的迷人气质修习课 / 若云著.
—北京:中国华侨出版社,2014.6 (2021.4重印)

ISBN 978-7-5113-4641-4

Ⅰ.①微… Ⅱ.①若… Ⅲ.①女性-修养-通俗读物

Ⅳ.①B825-49

中国版本图书馆 CIP 数据核字(2014)第109315号

微微一笑很倾城:你最想要的迷人气质修习课

著　　者 / 若　云

责任编辑 / 若　溪

责任校对 / 孙　丽

经　　销 / 新华书店

开　　本 / 787 毫米×1092 毫米　1/16　印张/18　字数/237 千字

印　　刷 / 三河市嵩川印刷有限公司

版　　次 / 2014年8月第1版　2021年4月第2次印刷

书　　号 / ISBN 978-7-5113-4641-4

定　　价 / 48.00 元

中国华侨出版社　北京市朝阳区静安里 26 号通成达大厦 3 层　邮编:100028

法律顾问:陈鹰律师事务所

编辑部:(010)64443056　　64443979

发行部:(010)64443051　　传真:(010)64439708

网址:www.oveaschin.com

E-mail:oveaschin@sina.com

前言

有人说，气质是女人的经典品牌，这是无可争议的事实。

一个没有气质的女人，外表再漂亮，也如同一朵没有生命的绢花，没有香气、没有活力，毫无魅力可言；而女人一旦拥有了气质，就会变得高贵、优雅、妩媚，由内而外地散发出一种迷人的魅力、一种令人无可抗拒的吸引力。不仅仅是男人，就连女人们也为她着迷、为她陶醉，羡慕不已。

气质是厚重的、富有内涵的，是内心积淀的智慧，是文化修养的升华。气质女人如年代久远的美酒，醇香浓郁。气质女人是一朵常开不败的花，岁月流逝，芳香依旧……生活中我们经常看到，拥有良好气质的女人能不断地吸引周围各种优秀的资源，能拥有更幸福的生活。

你想做一个有气质的女人吗？你想，一定很想！幸运的是，气质如若不是先天带来，也是可以后天培养出来的。

那么，女人究竟该怎样培养自己的气质呢？本书是一部女性气质修炼宝典，结合诸多气质女人的修为，由内而外地阐述了培养女人气质的实用方法。书中的每一个观点、每一个事例都是经过精挑细选的，具有很好的指导意义和实用价值，相信会令你在阅读的同时多一份思索、多一份感悟。

气质女人自信但不高傲，内敛而不内向，温柔却又不失坚强，可以使狂热变成冷静，使挫折变成奋进；气质女人用装扮来美化自己，用知识提升自己，从容淡定地面对每一天、温和谦逊地面对每一个人；气质女人有自己的人生价值观，以工作和事业成就为乐趣，用智慧撑起半边天……

看到这里，也许会吓住不少女人，心想："做一个气质女人原来这么复杂啊？多难啊？"其实，完全符合以上诸点的女人是非常少的，可能你一辈子都做不到以上的全部，但只要尽力，你一定可以做到其中的几点，哪怕是其中的一点，这都意味着你的进步，意味着你的气质迈出了一大步，并将使你受用一生。

最后，祝每一个阅读本书的女人都能修炼成一个集天地精华于一身、汇万千智慧于一体的气质女人，创造幸福的生活，收获完美的人生。

目录
contents

第一章／修养，让你的灵魂有香气

——以一种高尚的品性做人

女人真正的魅力要靠一种让人信服的内在气质来体现，这就是修养。修养不是与生俱来的，而是需要长期的认真修炼。有修养的女人心地善良，宽容豁达，用心关注他人，不苛求，不计较，随时随处散发着温润和煦的人性光辉。这样的女人似一株幽兰，从骨子里渗透出高贵气质，散发着生命的清香……

第二章 ／ 做精致女人，绽放自己
——以一种得体的形象社交

女人的气质不在于容貌，但须以之为依托。适当的装扮会提升女人的气质，起到锦上添花的作用，再有气质的女人如果不修边幅，那也很难表现出气质。走在街上，众人关注的焦点无疑是那些衣着得体、妆容自然的靓丽女子。所以，请用心经营自己的形象，打造第一眼相见的惊艳，让你的气质华美定格。

第三章 / 有一件事比漂亮更重要——优雅
——以一种优雅的举止立身

　　女人的气质看似无形，实则有形，它是从一个人的言谈举止、待人接物的举手投足间表现出来的。一个有气质的女人，她的一举步，一伸腰，一掠发，一转眼，都如蜜在流，水在荡……这是一种自然流露的优雅气质，其韵无穷，其味幽香，让人觉得带有一种美感，禁不住心神荡漾。

第四章 ／ 自信，风卷云舒的气质之美
——以一种自信的力量前行

自信的女人不自卑，不消极，不气馁，柔和中有一分刚强，能够积极面对生活的不幸和挫折，即使身临困境，心中依然有光明和希望。一个女人自信的时候，会自然地散发出一种与众不同的魅力。这样的女人无论是贫穷还是富有，无论是貌若天仙，还是相貌平平，一定有超凡脱俗的气质，便会从众人中脱颖而出。

第五章／理性与感性的交融恰到好处

——以一种理性的思维律己

知性也是个人气质的一种表现，女人是感性的，知性女人却独有一种聪慧，能将感性和理性揉捏得恰到好处，如她们沉淀心性，能管理自己的情绪；她们知进知退，懂得适可而止的道理；她们幽默风趣，能巧妙处理矛盾和争端……所有这些，一旦你做到了张弛有度，气质便尽显其中。

第六章 ／ 花开花谢，无谓悲伤
——以一种淡定的姿态处世

　　玫瑰，从含苞待放到凋零枯萎，安静从容、不慌张，这是一种淡定的姿态。女人在生活中也当如此，在无常的人生路上，有一颗内敛而韵致的心灵，有一种处变不惊的从容、游刃有余的气度，当世而不艳，处世而不俗，立世而不惊。这份淡定若水的神韵，是一种气质的修炼，更是一种处世智慧。

第七章 / 不尚虚华，最喜那细水长流的绵长

——以一种宽厚的情怀去爱

女人的气质来自于内心的一种成熟，成熟女人的优点是懂得宽容和关怀，会用含蓄的温柔温暖人心，用宽厚的情怀来理解爱，让爱在平淡中走向坚固和永恒，犹如细水长流绵延不断。这份成熟散发着一种迷人的气质，如同美酒佳酿，愈久愈香，令人尤其是男人为之倾倒，为之沉醉……

第八章 ／找到除爱情外,能使双脚坚强站立的东西
——以一种独立的人格自若

独立自尊,才能气质典雅。独立的人格,独立的思想,这样的女人不一定学富五车,但绝不肤浅,她内心柔软而坚定,不强势,也从不肯示弱,凡事都有自己独到的见解。这是一种让人折服的自信,尊严与幸福也就深藏其中。不过,独立是一种很高的境界,它需要高素质的心态和全新的价值观,快开始吧。

第九章 / **做个有情趣的女人,遇见最美好的自己**

——以一种高雅的情趣生活

或挥毫泼墨,或摆棋对弈,或吟诗对弈,有情趣的女人如同
山水画有意境一样,能完美地体现女性的妩媚与柔美。做个有情
趣的女人吧,让沉闷的生活充满生趣的浪漫,让平淡的生活变得
活色生香。相信,你的身上也会散发出一种高雅的魅力,让你看
起来生机勃勃,更美丽、更迷人。

第一章

修养，让你的灵魂有香气

以 一 种 高 尚 的 品 性 做 人

女人真正的魅力要靠一种让人信服的内在气质来体现，这就是修养。修养不是与生俱来的，而是需要长期的认真修炼。有修养的女人心地善良，宽容豁达，用心关注他人，不苛求，不计较，随时随处散发着温润和煦的人性光辉。这样的女人似一株幽兰，从骨子里渗透出高贵气质，散发着生命的清香……

做一个友善的"天使"

在给我命令的时候请给我理解的时间，别对我发脾气，虽然我一定会原谅你的，你的耐心和理解能让我学得更快。

——英国女演员奥黛丽·赫本

一个虔诚的教徒，因为生前做了很多善事，所以在他死后，上帝便派天使把他带到天堂。这个教徒一直很好奇地狱是什么样子，于是要求天使在去天堂之前，带他去看看地狱是什么样子。

天使答应了他的请求，便把他带到了地狱。来到地狱后，只见地狱的餐桌上各种山珍海味应有尽有，看上去非常美味。这令教徒非常惊讶，感叹道："看来地狱的生活也不赖啊，难道那些生前做坏事的恶人到了地狱就是这种待遇，不会受到什么惩罚？"

天使没有回答，只是狡黠地微笑着说："上帝爱我们每一个人，他不会主动去惩罚任何一个人。那些受罚的人之所以受罚，都是因为他们自己的过错。"

教徒非常不解。这时候，晚餐时间正好到了，只见一群如狼似虎的饿鬼争先恐后地坐到座位上，疯狂地抢着桌子上的食物。他们每人都拿一双很长的筷子，努力地用筷子试图把食物送到嘴里，可是由于筷子实在是太长了，无论他们怎么努力，始终无法把食物送进嘴里。

天使指着那群饿鬼说道："你看，他们虽然每个人都能得到食物，可是最后却什么也吃不到，你不觉得可惜吗？你再看看天堂是什么样吧。"

随后，天使把教徒带到了天堂。天堂也和地狱一样摆满了丰盛的食物，夹取食物用的筷子也和地狱那些饿鬼用的一样长。不同的是，天堂的人们不是把食物往自己嘴里送，而是往别人嘴里送，这样一来，自己在喂别人的同时，别人也在喂自己，大家就都能吃到美味的食物了。

天使说道："这就是天堂和地狱的区别，你能帮助别人，自己也能得到别人的帮助，那么你就生活在快乐的天堂；但如果你不愿帮助别人，只顾自己，那么你就只能生活在地狱里。"

的确，生活中，别人有需要我们给予帮助的时候，我们也有需要别人给予帮助的时候，只有大家互相帮助，我们的生活才能更加和谐美好。

关于友善待人，纪伯伦说过这样一句话："和你一同笑过的人，你可能把他忘掉；但是和你一同哭过的人，你却永远不忘。"我们的老祖宗也告诫人们："赠人玫瑰，手有余香。"

然而，在不少人的一贯认知里，只有拥有才能让我们产生幸福和快乐感。而这正是人类自私的本性所致。

自私是人类的劣根性之一，对于自己拥有的东西，总是很吝啬，不舍得给予。所以，在利益面前，很多人都体会不到给予的快乐。于是，我们变得自私自利，甚至贪得无厌。

我们总是觉得自己不够幸福和快乐，一味埋怨自己的付出得不到回报。殊不知，只要我们改变一下心态，就能找到很多快乐。

在医院工作已经有 5 个月的护士李晓玲，自从参加工作以来就很少笑，主要原因是因为她被调到了烧伤科。烧伤科对女孩子来说，简直就是人间地狱，那些被烧伤的病患，一个个面目全非的样子，俨然就是从地狱跑出来的魔鬼，恐怖至极。每天面对那些恐怖恶心的烧伤皮肤，李晓玲连吃饭的胃口都没有了，更别提微笑了。所以，李晓玲每天一上班就心情郁闷，拉长个脸，以至于大家都背地里叫她"冷面护士"。

可是大家发现，今天的李晓玲有些不同寻常，因为她脸上的郁闷不见了，嘴角挂着隐隐的笑意，就连走路也没了往日的颓靡，反而多了份轻快。大家纷纷猜想，难道她恋爱了？

原来，李晓玲的改变，是因为早晨发生在公交车上的一件事。

早晨，李晓玲和往常一样准备搭乘公交车赶去医院上班。公交车来了，李晓玲正要踏上车，走在她前面的一个男孩停住不走了，尴尬地站在投币箱前使劲翻自己的口袋和背包。后面的人陆陆续续都上了车，男孩还在尴尬地找车钱。从他焦急的神态中可以看得出，他大概是出门太着急，粗心大意忘带钱包了。

一整车的人都把目光集中到了这个粗心的男孩身上，有的人还发出隐隐的窃笑，男孩尴尬极了，不知如何是好。李晓玲就站在投币箱前，看见男孩焦急的样子，二话没说就从钱包里掏出一个硬币给男孩。男孩犹豫了一下，万分感激地接过去投进了投币箱。

"得救"的男孩不好意思地一再向李晓玲道谢，车里一个老太太也禁不住对李晓玲夸奖道："还是好人多啊，这姑娘心眼真好。"说完，一车子的人都为李晓玲鼓起掌来。李晓玲从没受过这样的夸奖，脸一下子就红到了耳朵根，虽然嘴上一直谦虚地说没啥，可是心里却甜得跟蜜似的。这是她工作这几个月以来最开心的一天。

　　李晓玲这才发现，原来给予别人一点小小的帮助，也可以收获这么大的快乐。来到医院，她开心的情绪还在延续，帮助病患测量体温，送药，搀扶他们去上厕所，等等，这一切在她之前看来枯燥琐碎的工作，今天似乎都变得有意义起来。因为每帮助他们一次，李晓玲都会发现病人们对自己报以感激的微笑，那微笑温暖人心，让李晓玲备感欣慰和快乐。

　　从此之后，李晓玲改变了。她不再板着一张冰冷的面孔面对病人，而是报以真诚的微笑，认真地做好自己的本职工作。在同事和病人的眼里，从前的"冷面护士"不见了，取而代之的是一个温柔可亲、美丽快乐的白衣天使。

　　可见，给予和付出有时候未必就是不好的，相反，我们换个角度去看待，就能看到其中的价值和快乐。为什么会有乐于助人的美谈，就是因为帮助别人是一件会让我们拥有成就感和自豪感的事，这种成就感和自豪感能为我们创造快乐。

　　所以，不要总想着从别人那里得到什么，而应该多想想自己能够给予别人什么。当别人需要我们帮助的时候，我们应该尽力真诚相助。当我们给予对方的帮助越多，我们得到的快乐也会越来越多。因为，给予比接受更能令人快乐。

为他人鼓掌，为他人喝彩

赞扬是一种精明、隐秘和巧妙的奉承，它从不同的方面满足给予赞扬和得到赞扬的人们。

——法国古典作家弗朗索瓦·德·拉罗什夫科

当自己努力达到一个目标时，我们需要为自己鼓掌，庆贺自己的成功，这是肯定自己的表现。同样，当我们周围的同事取得成绩的时候，特别是自己和对方处于激烈的竞争状态时，我们更需要学会真诚地为他鼓掌、为他喝彩。

能做到这一点，说明我们能够正确看待对方的成绩，能够客观地肯定和接受对方的成功，为他人的成功而感到高兴。但是，很多人比较"小心眼"，为自己喝彩容易，为别人喝彩就不容易了。在我们的生活中，的确存在着这种现象。

冯建欣在某单位中层工作十多年了，她工作态度认真，能力也不错，但是人缘却不怎么好，单位里的女性经常"孤立"她。按照能力和资历等条件，冯建欣都有可能被提拔为女干部，但她却被"下放"了，这是怎么回事呢？

原来，在平时的工作中，冯建欣但凡取得一些成绩，获得了荣誉，她就总是笑呵呵的。但是，一旦其他同事得到了领导的肯定，有了一些进步，她就会惴惴不安，鸡蛋里挑骨头，甚至不屑一顾，冷嘲热讽："她哪点好啊，幸运罢了"、"哼，有什么了不起呀"……渐渐地，大家都不愿意与冯建欣相处了。

这次，单位有一个提拔女干部的指标，几名符合条件的女同事都想争这个名额，包括冯建欣。经过激烈的"角逐"，一位同事取得了成功，"失败"的冯建欣不仅没有祝贺这位同事，还上报对方平时工作中的种种失误，大做文章，毫不留情面。

经过调查研究，冯建欣所言无凭无据，属于诬告。平时被冯建欣冷嘲热讽的同事们早就看不惯她的所作所为了，于是联合起来请求领导给冯建欣调离岗位。尽管领导很认可冯建欣平时的工作，但不得不"忍痛割爱"，将她"下放"到了基层。

不认可别人的成绩，不为他人的成功喝彩，这是一种不健康的心态。如果任其发展下去，鸡蛋里挑骨头，抓住别人的弱点大做文章，毫不留情面，这不仅是对别人的不公和不尊重，同时也会引发人际矛盾，把自己和他人截然对立起来，结果你就会变成人见人厌的孤家寡人，得不偿失。

此时，我们不妨问一下自己：当面对别人的成功时，我们是一种怎样的心情呢？是喜悦、平淡，还是忌妒、憎恶？每个人都有自己的选择，但聪明的人懂得真诚坦率地为别人喝彩！

人的天性中，都有一种希望得到别人认同与肯定的渴望。如果我们能做到真心诚意地为别人喝彩，分享别人成功的快乐，那么这是对别人的一种尊重，一种理解与认同，一种鼓励与肯定，能够促进彼此之间更好、更快地良性互动。

当我们真心诚意地为别人喝彩时，可以体现和展示我们高尚的人格修养与博大的胸怀；当我们给别人以真诚的赞美和鼓励时，别人对我们的印象分自然就会提高，还你以友情和坦诚。

所以，请放下你的一切顾虑，为他人的成功喝彩吧！这并不是一件让别人独得好处的事情，也不会令你这个"失败者"没有面子，与别人分享成功是快乐的，而且这也是在为你自己赢得"附加分"，获得更多的欣赏哦！要做到这一点，则要注意以下两方面。

1. 要有真实的情感

"真情流露"这个词我们都不陌生，并且也都希望获得别人赋予的这种情感。其实，我们在为他人鼓掌和喝彩的时候，对方同样需要我们有真情实感，而这种情感的流露是发自内心，而绝非客套的敷衍。一旦有了"真诚"这个基础，那么我们赞美起同事来就会显得自然和真诚，不会给人以虚假和牵强的感觉。

2. 用词要得当

俗话说："千人千面。"在职场环境里更是如此。这就要求我们在赞美他人的时候要根据不同人的性格使用不同的赞美语言。比如，对待那些内向的同事，赞美要点到即止；对待那些性格活泼外向的同事就不要吝啬赞美的词汇，多夸奖对方会让他很开心。同时，我们应注意观察对方的状态，这是很重要的一点，如果正好赶上同事情绪特别低落，或者有其他不顺心的事情，那么我们就不要过分地给予赞美，否则只会让对方觉得不真实。

一位著名企业家这样说过，促使人们自身能力发展到极限的最好办法，就是赞赏和鼓励。换言之，如果我们要和他人建立良好的关系，就需要多去发现他人的优点、成绩，而不能只顾自己的功劳。

当然，我们对他人的赞美也不是毫无原则的，它应该是发自内心的真诚的表现，而不是曲意逢迎。总之，真诚而又有技巧地赞美他人，不仅会让他人增加对我们的好感，而且也会给我们自己的生活带来便利，使彼此的心情变得愉悦、轻松，相处起来也格外容易。

女人总还是要谦卑一些好

谦卑的人会变得高贵。

——意大利画家达·芬奇

道家学派创始人老子说："水善利万物而不争，处众人之所恶，故几于道。"一语道出了水的谦卑和谦卑的至高境界。

然而，职场中有很多人认为，要想坐稳自己的位置，并且步步高升，就一定要在工作中尽可能多地突出自己的能力。因此，一些人会在工作中时时处处争强好胜，而且抱着一股不把别人比下去不算完的劲头。但是，他们没有想到，这种自我表现、处处锋芒毕露的做法只会引起同事的反感，同时也给自己带来了很大的压力。

如果是偶尔展示一下自己的知识，"炫耀"一点自己的才能，露一点"峥嵘"，也是可以理解的。但如果一个人总是刻意地逞能，那就很可能走向事情的反方向了。

魏延华毕业于一所重点大学的经贸专业，不但能说一口流利的外语，人也长得身材苗条，容貌俊俏。每每在跟外商谈判中，魏延华都能应付自如，同事们都对她赞许有加，也羡慕不已。

相比之下，她的顶头上司——顾然就比她逊色多了。顾然年届40岁，体态有些臃肿，也没有魏延华的美貌和青春，中专学历的她自然也谈不上什么外语水平，但由于早年进入该公司工作，勤勤恳恳，管理水平也比较高，所以受到公司老板的信任，担任部门经理。

在魏延华刚进公司的时候，顾然对她很关照，但在一次跟外商谈业务的派对上，魏延华出尽了风头，得意地用英语跟外商海阔天空地交谈，并频频举杯，充分显示出自己的高贵与美丽。事后，魏延华试图通过自己那天的表现来向领导邀功，她主动找到经理说："我作为一名重点大学毕业的高才生，英语水平在公司来讲也算是很高的，想必那天和外商交谈的情景您也看到了。因此我想，公司是不是该考虑提升一下我的职位，或者给我加薪？"然而，实际情况却是，这件事过去不久，魏延华就被调到了另外一个不太重要的部门。

俗话说得好，"君子藏器于身，待时而动"。虽说我们的聪明才智需要获得领导的赏识，但如果无所顾忌地在领导或者同事面前显摆自己，就不免有做作之嫌了。那样，势必会引起别人的反感。或许，很多人觉得显现出那股指点江山、意气风发的劲头是一种潇洒的表现。殊不知，那种表现在学生时代或许会突出自己的个性，也被多数人认同，但是在职场这个大舞台上，由于自己的身份和所处的环境都已经发生了改变，如果还像当初在校园时过于张扬，就会给自己带来麻烦。

因此，身在职场的女士们，一定要懂得谦卑，尽量让别人感到他比你优越，即使我们要取悦他们、令他们印象深刻，也千万不要过于展现自己的才华，否则可能会适得其反，激起他人的畏惧和不安。

只有谦卑，才是为人处世的至高智慧，也是一种"无为而治"的胜利妙法。一个成熟的职场女性，应该懂得适时低头，心里要明白何时该进，何时该退。

我们必须明白，没有谁会对一个狂妄自大的人欣赏有加。不管是谁，如果她总是抱着老子天下第一的态度，是不会讨人喜欢的，这样的人自然容易失去一些机会。特别是那些刚入职场的女孩们，如果总觉得自己的学校如何如何好，自己的专业和实践经验如何了不起，那么也不会受到同事和领导的喜欢，从而被大家疏远。

当然，我们所说的谦卑，并不是让你点头哈腰，越谦虚越好。事实上，谦卑是需要足够的能力来支撑的。如果我们能够在某一领域十分精通并忠实于自己的专业，进而将其运用到具体的工作中，久而久之，自然会让别人看到我们的才华和能力。那时候，我们的展现是不是更有分量呢？

1. 不张扬自己的成绩

如果一个人足够聪明，是不会在同事们面前张扬自己的成绩的。因为在工作中，如果你表现得过于锋芒毕露，同事们可能会逐渐疏远你。

2. 别把小事不放在眼里

小事中也可能蕴藏"金矿"，需要孜孜不倦地发掘。曾经有一个初入世界500强企业人力资源部的新人，从整理档案的基本工作做起，她却把单位里每个员工的情况都熟记于心。没过几年，她就成了这家企业的人力资源总监。由此可知，职场真的无小事。

所以，要想让自己成为一个他人喜欢的人，我们就必须懂得谦卑。这样才不会为自己树敌，这对我们建立良好的职场关系是大为有利的。

不抬杠，不较劲，你会惹人爱

你如果拿五分的力量跟别人较劲，别人会拿出十二分的力量跟你较劲。

——佚名

有的人能说会道，凡事都能讲出个"一二三"来，但不一定能让别人买账。这是因为，一个会说话的女人会很讨人喜欢，但是一个"没理搅三分"的爱抬杠的女人，则不见得会受欢迎。这是因为，任何人都喜欢对方的话语中温和的感觉。

我们大概都有这样的体会，在工作或者生活中，当对方有不同意见时，如果对方是用温婉的语气表达出来的，那么自己就不会过于抗拒；相反，如果对方的语气是硬生生的话，即使对方是一片好心，也可能让我们心生反感。

有着抬杠癖好的人，一般表现为不给别人发言的机会，并经常对别人说的话发表不同的意见。对于这种现象，心理学家认为是一种自恋和逆反心理的表现。因为有自恋心理的人特别在乎自己的感觉，不会换位思考，更不会替他人着想。他们往往喜欢将自己"变身"为救世主，觉得凡事都应该自己说了算，别人得服从自己。

这种人往往有着长于一般人的口才，他们的思维也比较活跃，与人交谈往往就像一场精彩的辩论。然而，话说得精彩不见得就有人愿意听。我们看看下面这个职场中关于"抬杠"的事例：

苏丽霞在一家企业担任会计一职，由于工作年头长，她自恃资历老，学历高，平时在单位不仅爱和同事抬杠，也喜欢与领导"顶牛"。

有一回，领导安排她抓紧时间去税务局报税，可苏丽霞却认为，上司不懂财务，纯粹是瞎指挥。于是，苏丽霞就磨磨蹭蹭地迟迟不动。领导见状，对她说："再不报，就要罚款了。"苏丽霞却说："怕什么，我做了这么多年的会计还不懂啊？"

领导又说："作为我部门的员工，你要接受领导对你的安排。"听上司这么说，苏丽霞有点恼火地说："我来这里工作的时候，你还不知在什么地方待着呢，凭什么就得让我听你的？"

领导也有些气恼，但考虑到周围还有一些同事，便强压怒火，没有发作。

但是，同事们看在眼里，却对苏丽霞议论纷纷——

平时和苏丽霞关系不错的两个同事急忙劝她，其中一个说："你这是怎么了，平时和我们抬抬杠就算了，居然和自己的顶头上司顶牛。"另一个说："长此下去，上司肯定会炒你的鱿鱼，给你穿小鞋的。"

一天，那两位关系不错的同事把苏丽霞叫到一家咖啡馆，对她好言相劝，"上司毕竟是上司，你这样和他抬杠，让他如何下台？"

谁知，苏丽霞不但不领情，反而更来劲了："就咱这领导，还用巴结他吗？"两位同事说："你不巴结没关系，但也该尊重他啊。其实，你心眼很好，但就是说话太冲，这样难免会得罪人的。"

没想到，苏丽霞听完反而讥讽地说道："他的水平你们也看到了，让我怎么尊重他！先说年龄，他 28 岁，我 34 岁，他不如我长。再说学历，他是高中没毕业，参加工作后，混了个大专学历，我却是正规院校毕业的本科生。再说工龄，他比我差好几年。他一天到晚就知道搞搞上上下下的关系，而我却辛辛苦苦埋头做账。你们说说，就他这样的人还对我指手画脚，能让我服气吗？"

同事说："这些方面人家是比你差点，可人家的协调能力比你强！"

苏丽霞说："除了协调和上级的关系外，我看他的协调能力也比我强不到哪儿去！"

就这样，苏丽霞与劝她的两个同事，你一言我一语地进行抬杠，一句劝告的话也听不进去，弄得大家面面相觑，无言以对。

半年后，苏丽霞就被单位开除了。

由此不难看出，喜欢抬杠较劲绝非是一件好事，本是工作中的一些小事，却因为爱抬杠、爱顶牛，而影响了自己的人际关系，甚至葬送了自己的前途。

其实，不管是生活还是工作中，很多事情过去后，当我们再回想一下自己抬杠顶牛的情景时，便会觉得那都是一些小事，根本不值得一提。也许隔不了多久也就忘了，但若与邻里、与同事、与朋友相处也爱这般较劲，那势必会给我们的生活带来极大的负面影响。

如今这个年代早已没有多少大是大非的事，相对来讲，都是一些平淡无奇的琐碎之事占据着我们的生命。也许很多时候，并不是我们要跟人抬杠，但却总有喜欢抬杠的人为了排遣自己的积郁和释放自己的牢骚而跟我们较劲，硬要把我们的正确言论指责为错误。遇到这样的情况时，最好的办法就是点一下头表示赞同即可。

由于人和人所受教育、成长环境的不同，出现矛盾也是在所难免的。喜欢凡事都与别人争个对错，大有不分上下誓不罢休之架势的人，结果不但会落得个没人缘，而且事情也会办砸。精明的人都懂得求同存异，在小矛盾中忍让一步，不与人发生口角，这样就会更容易获得朋友，生活也自然会因此而快乐很多。

有位哲学家说过这样一句话，一个人所有器官中最难管教的就是自己一张在不停地说话的嘴。其实，对于爱用语言表达情绪和思想的女人来说尤其如此。但要知道，逞一时口舌之快，也许能为自己带来短暂的快意，但也会给你的生活留下长久的隐患；而一个喜欢和别人抬杠较劲的女人，也肯定不是一个可爱的女人，更不会受到别人的欢迎和尊重。

真诚地付出，最好的暖心汤

人并非为获取而给予，给予本身即是无与伦比的欢乐。

——美人本主义哲学家家弗罗姆

很多人一听"付出"二字，立马就会想到吃亏。他们心里会想，吃亏的事怎么能做呢？那不是傻人的所为嘛！

其实，他们不知道，很多时候，吃亏也是一种福分，付出也是一种收获。

为朋友付出其实是在做情感储蓄，也许你一辈子都不会动用它，但它却会使你的内心感到难以言喻的快乐和满足，同时也可以加深彼此的情谊。

我们来看一则关于付出的故事：

一位男子坐在一堆金子旁边，但他却伸出双手，向过路的行人乞讨。

这时候，佛陀走了过来，男子同样向他伸出了双手。

"孩子，你已经拥有了那么多的金子，难道你还要乞求什么吗？"佛陀问。

这位男子回答说："唉！虽然我拥有如此多的金子，但是我仍然不满足，我在乞求更多的金子，除了金子之外，我还乞求爱情、荣誉、成功。"

佛陀从口袋里掏出他所需要的爱情、荣誉和成功，一并送给了他。

过了一段时间，佛陀又从这里经过，那男子仍然坐在一堆金子上，向路人伸着双手。

"孩子，你当初想要的现在都已经有了，难道你还不满足吗？"

"唉！虽然我得到了那么多东西，但是我还是不满足，我还需要快乐和刺激。"男子说。

佛陀把快乐和刺激也给了他。

又过了一个月，佛陀再次从这里路过，看到那位男子依然坐在一堆金子上，向路人伸着双手——尽管有爱情、荣誉、成功、快乐和刺激陪伴着他。

"孩子，你已经拥有了比别人多得多的东西，你还不满足吗？"佛陀问。

"是啊，虽然我拥有了很多人都没有的东西，但是我仍然不能感到满足，老人家，请你把满足赐给我吧！"男子说。

佛陀笑着说道："你需要满足吗？孩子，那么，请你从现在开始学着付出吧。"

佛陀一个月后又从此经过，只见这男子站在路边，他身边的金子已经所剩不多了，他正在把它们施舍给路人。

他把金子给了衣食无着的穷人，把爱情了需要爱的人，把荣誉和成功给了惨败者，把快乐给了忧愁的人，把刺激送给了麻木不仁的人。现在，他一无所有了。

看着人们接过他施舍的东西满含感激而去，男子笑了。

"孩子，现在，你感到满足了吗？"佛陀问。

"满足了！满足了！"男子笑着说，"原来，满足藏在付出的怀抱里啊。

当我一味地乞求时，得到了这个，又想得到那个，永远不知什么叫满足。当我付出时，我为我自己人格的完美而自豪、而满足；为人们投来的感激目光而自豪、而满足。谢谢您，您终于让我知道了什么叫满足。"

从这个故事中我们不难看出，财富、地位、能力、权力和漂亮的外表，只是一个人的外在条件，这些外在条件固然重要，但真正能使我们赢得别人喜爱的，却是我们的心灵。

物理学中说："力的作用是相互的。"其实，人与人之间的作用也是相互的，你帮助了别人，别人自然也会帮助你。你帮助别人，其实也是在帮助你自己。孙悟空帮助唐僧西天取经，最终被封为斗战胜佛，鲁迅帮助麻木的中国人觉醒，最终受万人敬仰，诸葛亮帮刘备打天下，最终名垂千古……

很久很久以前，有一只迷路的鹦鹉，它和家人走散后，找不到回家的路了，只得暂时栖息在山林中。这山林中的百鸟和众兽都是和睦相处，不相互残害。而且它们对外来的客人，也是十分友爱。

鹦鹉得到了众鸟禽的热烈欢迎，大家希望它能永远留下。受到这样的礼遇，鹦鹉感动地说："你们快乐相处的情谊太令我感动了！说实在的，我真想留下来在你们这儿生活，但我自己有家，也有伙伴，我不忍离开它们，不能不回去呀。"

于是，鹦鹉做客数日，在一个阳光明媚的日子里，一点点循着家的方向，飞走了。

就在鹦鹉走后不久，众鸟禽所在的山林突然起火，火势熊熊，火光冲天。鹦鹉在高空中看到了，想到友善的伙伴们大祸临头，它万分焦急，便不顾一切，飞到河边，用双翅蘸满了水，再飞到那山林上空，把翅膀上的水洒下来。鹦鹉就这样快速飞腾了不知多少个来回，疲劳极了，但它还是毫不松懈！

鹦鹉的这一壮举被出巡的天神看到了，他惊讶地对鹦鹉说道："鹦鹉呀，你好愚蠢呀！你翅膀上的一点点水，能起什么作用呢？难道你不知杯水车薪，远水救不了近火吗？像你这般疲劳往返，不顾自己的性命，能扑灭得了这山林中的烈火吗？"

只见鹦鹉流着泪道："我也明知不能，但这山林中的同伴太好了！我曾客居过它们那里，它们待我亲如一家人。现在它们遭到了大难，我能忍心坐视不救吗？我只有尽我一分心、一分力，来救它们啊！"

听了鹦鹉的话，天神十分感动，随即使出神术降下大雨，帮助鹦鹉灭火。片刻，大火就被扑灭了，山林中的生灵得救了！

这个故事显然是在告诉人们，当别人身陷困境时，若能对其伸出援手，那么当自己遇到困难时，对方也会"知恩图报"。

奥地利著名心理学家阿尔·阿德勒说："对别人不真诚的人，他一生中困难最多，对别人伤害也最大。所有人类的失败，都出自这种人。"因为这种人没有朋友，他不能给人以关心和帮助，别人也不会关心和帮助他。

因此，要想赢得友情，我们就得在收获之前，多一些付出。

朋友之爱、长幼之爱、邻里之爱，这是生活的主旋律；帮助别人，多给他人以友爱，是维系着人们快乐生活和和谐社会的纽带，你在自己无私付出和给别人带来幸福的同时，你也会感到快乐，感到心灵的震撼，这是漂亮的服饰和美味的佳肴所不能取代的。因此，付出才是最伟大的，学会付出的人必将得到别人无法获得的享受。

如果认真体会，你会感受到一位诗人对于付出的感慨：付出就像是一缕清风，它可以除却人际间的烦躁；付出就好像一泓碧水，它能润泽情感中的隙缝；付出是沟通心灵的桥梁，是联结情感的纽带，是增强团结的基石，是孕育和睦的襁褓。凭借着付出的力量，干戈可以化作玉帛；倚仗付出的魅力，积怨能够化作情意。

当为他人付出的时候，我们会感到世间的和美，能在付出中寻求到心灵的对话，找到情感的慰藉，还会在付出中弥合性格的缺陷和升华自己的精神境界。

那些伤人之语，最好咽回去

一个美丽的女人，讲出满口粗俗的话，一定令人失望；一个既不美丽又满口脏话的女人，到哪里都会令人反感。

——法国思想家罗曼·罗兰

俗话说："良言一句三冬暖，恶语伤人六月寒。"我们说出来的话，虽然没有实际的利刃，但同样具有巨大的杀伤力。有时候一句恰当舒服的好话，可以让我们的心，即便是在寒冬，也倍觉温暖；有时候一句恶语坏话，却比利刃戳心还要伤人，令人寒心。

人与人之间相处，语言是必不可少的一种沟通交流方式，它能为我们搭建良好的沟通桥梁，也能将好的关系摧毁，就看你如何驾驭它。

一个著名的演说家在一次演讲中忠告听众："要注意自己说的一言一词，因为语言具有无穷的力量。"

这时，台下一位听众站起来表示异议："不见得呀，比如我一直在说幸福，可说了无数遍，我也没感觉到真的幸福快乐；如果我说不幸，也不见得我就会因此而倒霉。所以，我觉得语言只不过是一种为我们所用的普通工具而已，并没有什么无穷的力量……"

还没等这位听众说完，演说家就立即打断他的话，大声呵斥道："你这个白痴，根本就没有理解我话里的意思。"

被骂成是白痴，听众先是一惊，转而愤怒地反击："什么？你骂我是白痴，我看你才是白痴……"

演说家又再次打断他，平静地说道："抱歉，我刚才并不是有意而为之，希望你能接受我的道歉，请原谅我。"

听众一听，怒火立即平息了大半，也没再反驳。在场的所有人都亲眼见证了刚才这激烈的一幕，纷纷议论开来，演说家这才微笑着说道："看吧，刚才我只不过说了一句话，那位听众就要跟我拼命，而后我又说了一句话，他的怒气立即就消了。所以，千万要记住：我们说出去的话，有时候就像一块石头，砸到别人身上，就会让人受伤；而有时候，这话又可以像春天里的和风，轻拂心田，让人感到舒心和温暖。这就是语言的力量。"

常言道："说出去的话，泼出去的水，覆水难收。"话一旦说出了口，我们就不可能把它收回，所以在我们把它说出来之前，一定要仔细想清楚把这句话说出去后会带来的结果，想一想它是否会给别人带来伤害。

有的人由于性情直爽，说话常常不经大脑，直来直去。虽然直言显得真诚朴实，但并不是所有的想法和看法都可以用直接的方式来表达，否则就会伤害到别人的情感，令自己陷入难堪的境地，影响彼此之间人际关系的和谐，阻碍事情的顺利发展。

一个身材有些肥胖的女士走进一家服装店挑选新衣。导购小姐见其身材臃肿，店里根本没有适合她穿的衣服，便上前直言道："大姐，你太胖了，我们店里没有适合你身材的衣服。"

这位女士最忌讳的就是被人说自己胖，听到导购小姐这么一说，立即发火了，刚要反击，只听那导购又加上一句："嗯，我觉得人老了，还是胖一点的好。"

女士被气得七窍生烟，不知该如何发作，恰好此时老板娘出现，便立即朝她怒气冲冲地说道："我这是招谁惹谁了？怎么一进你家的店，就被说又胖又老，怎么搞的？"

老板娘立即上前赔不是，没想到刚开口说了句"对不起"，立马又惹得女士更加生气，她是这样说的："真是对不起，这姑娘是从农村来的，性子直，不会说话，但她说的都是实话。"

被气得差点吐血的胖女士重重摔门而去。

事例中，这家服装店看似并没有因为老板娘和导购小姐的直言而受到损失，但是这个女士可能会劝告她的亲戚朋友不要去这家店买衣服，无形之中，这家店就丧失了一些潜在客户，其名誉也会因此而受到影响。由此可见，说话太直，有时候未必就是件好事。有些在你看来无所谓的话语，对别人来说也许就是一种伤害。无论何时何地，对象是谁，我们一定要三思而后语。

我们说话，可以暖人，亦可伤人，关键就看我们怎么驾驭，下面就教给大家一些说话暖人心的小技巧。

1. 先假设，后提意

当别人征询你的意见和看法，而你真实的想法也许会对对方造成伤害时，不妨先给对方提供一些假设，再婉转表达你的意见，这样既可以把你的意思真实表达出来，又不至于给对方造成伤害。

2. 附加你的"难以置信"

坏消息总是令人心情不佳，感觉不爽，所以，当我们需要向对方传达某个坏消息时，不要直接说出来，而是先说一句"我无法相信这是事实"之类的话，之后再说消息内容。这样表达可以减少这个坏消息对对方的冲击，对方对你这个坏消息的传播者，也就不会那么反感了。

3. 幽默解尴尬

当遇到有些难以启齿、不好意思直接说的话时，如果直接说出来，也许会让对方难堪，心里不快。这时候，你就可以用开玩笑的方式来化解这种尴尬，这样既不会伤害到对方，自己也不会产生过重的心理负担。比如，如果对方的吃相很不雅，老吧嗒嘴，你就可以私底下和她打哈哈说："你吃饭的声音可真是不同凡响，小心把男人都吓跑哦！"

在心田，盛放一朵紫罗兰

世界上最宽阔的是海洋，比海洋更宽阔的是天空，比天空更宽广的是人的胸怀。

——法国作家维克多·雨果

路旁，一朵小小的紫罗兰花开了。

有人从路上跑过去时，脚踩了紫罗兰。

"你疼吗？"树上的小鸟问。

"虽然很疼，也要忍耐一下，人们不是故意踩我的呀！"紫罗兰这样说着，静静地挺直了身躯，然后把身子一晃，好闻的香气浓郁地弥漫开来。

当一只脚踩到了一朵盛开的紫罗兰时，紫罗兰非但不埋怨，还将一缕幽香留在那只伤害了它的脚上，将芳香洒满人间。踏花的人无情，紫罗兰却有情，以恩报怨。这是一种什么品质？这种品质就叫宽容。

因为生存的空间不同、成长的环境不同，也由于后天各类因素的影响，每个人都有不同的弱点与缺点，在人际交往中难免产生摩擦、矛盾等。此时，我们应该学会忍耐，学会宽容，这是对别人的释怀，也是对自己的善待。

春秋时楚国内乱，平息后，楚庄王以香酒佳肴宴请文臣武将，并让后宫妃嫔出来敬酒，给大家助兴，最宠幸的许姬也在其中。酒到半酣刮起大风，吹灭了所有烛火，大厅里一片漆黑。黑暗中，不知是谁仗着酒兴想要轻薄许姬，在拉扯的过程中，许姬扯下了那个人官帽上的缨带，并对楚庄王说："大王，刚才有人趁乱想非礼臣妾，不过我扯下来了那个人的帽缨，待重新点亮蜡烛就能查出此人。"

许姬原以为楚庄王会为自己做主，没想到楚庄王却对大家说："寡人今日设宴，大家都要开怀畅饮，不醉不归。为了让大家不要顾念君臣之礼，请诸位把帽缨摘掉，尽情地畅饮。"待到烛光重新点燃，朝堂上坐着的全是没有帽缨的人。许姬环视了一下，看不出来谁是刚刚调戏自己的那个人，便拂袖离去了。

三年后，晋国侵犯楚国，两国开战，楚庄王亲自带兵与敌人交战。楚庄王发现，在自己的军中有一员猛将，他不仅在战场上奋勇杀敌，而且还带动了其他将士的作战情绪，使得自己的军队能够一次又一次地获胜。有一次，楚庄王深入险境，险遭杀身之祸，幸亏这位将军拼死护驾，才让他成功脱离险境。

凯旋的时候，楚庄王要对那位将军进行封赏。他问那位将军想要什么，可那位将军什么都不要，而是立刻跪倒在地说："大王已经赏赐过了，上次在黑暗中，酒后失德调戏许姬的正是末将。大王以宽广的胸怀，饶恕了我，不但没有治我的罪，反而想尽办法，保我周全，我只有奋勇杀敌才能报答大王。"

在这件事情中，将军调戏君王的爱妾无疑是对君王的侮辱，但楚庄王并没有生气，反而以宽容忍让的精神掩护了此人，结果换来了这位将军的奋勇杀敌、忠心耿耿。设想，如果楚庄王当初将那位将军斩首示众，又怎么会赢得其以死相报呢，也许楚庄王就会死在战场上，更别提成就一番霸业了。

学着对别人宽容一点吧，以博大的胸怀宽容别人。宽容是一种无声的教育，正像紫罗兰一样默默给人留下启示，当它把香味留在你的脚下的那一刹那，同时也给人留下了崇高与豁达的印象，你还会因此获得化干戈为玉帛的魔力，从而能够从容不迫地安然享受生活的乐趣。

雨果曾说："宽容就像清凉的甘露，浇灌了干枯的心灵；宽容就像暖和的壁炉，温热了冰凉麻痹的心；宽容就像不熄的火炬，点燃了冰山下将要熄灭的火种；宽容就像一支魔笛，把沉睡在黑暗中的人叫醒。"在这个世界上，没有什么能跳出宽容的胸怀，没有什么能抗衡博爱的温暖。

世界上最宽阔的是海洋，比海洋更宽阔的是天空，比天空更宽广的是人的胸怀。把自己的心胸打开，用温和宽容的气度去容纳他人……你，看到了吗？你心中的紫罗兰已经盛开了。它那灿烂的笑容是生命旋律上的一丝颤音，是出水芙蓉上的一滴清露，还是岁月书卷中的一页温馨！

女人话越少，吸引力越大

真正有气质的淑女，从不炫耀她所拥有的一切，她不告诉人她读过什么书，去过什么地方，有多少件衣服，买过什么珠宝，因为她没有自卑感。

——亦舒

自我表现是女人天性中最主要的特点，就像孔雀喜欢炫耀美丽的羽毛一样，每个女人都希望展现自己美好的一面，但是过度、刻意地显露自己的锋芒，就会使表现热忱变得虚假、变得做作，显得修养不够。

事实的确如此，那些总是喜欢在言论上夸耀自己，意图从气势上压倒别人的女子，往往会给人一种浮躁的印象，哪怕她长得非常漂亮，可始终让人感觉美得空洞。这样的女子，永远不能对他人产生强大的吸引力。

大学毕业后，Eely 幸运地走进一家报社工作。Eely 本就是学中文出身，再加上她精力充沛，领导交代的任务，每一次她都能出色地完成。但是，她有一个毛病，那就是喜欢争强好胜，总想用夸耀自己的言论压别人一头。

当别人的工作出现问题时，Eely 总会用夸张的语气说道："不会吧，那么容易的事情也会出错？"当别人指出她的方案有问题时，她第一个反应就是："那也没办法呀！因为我提出的方案通常都是最好的嘛，既然你们提不出比我更好的方案，那就不要对我的方案指手画脚。"

有一次，Eely 得到了公司的表彰。在总结大会上，她这样发言道："我的成绩大家是有目共睹的，成绩的取得就在于我凡事都不会只看表面现象，我喜欢走一步想三步，这是我的最大优点，这就是我的性格。"

渐渐地，同事们都不喜欢和 Eely 一起工作了。有些老员工开始讥讽Eely："这刚来几天啊，她就开始在公司耍大牌了，当是在自己家里呀，真是不知天高地厚。"后来，领导也找了 Eely 谈话，意在告诉她不要骄傲，不要与别人争高低，尽管领导的语气很委婉，但 Eely 心里还是不是滋味儿。

一段时间后，公司组织全体工作人员进行互相评价的活动，并决定提拔得分最高者为新主管。令 Eely 没有想到的是，自己居然是最低分，她心里很不平衡："我能力很出众，做事尽职尽责，可为什么他们对我的评价差得要命？"

"木秀于林，风必摧之；堆高于岸，流必湍之，行高于人，众必非之。"例子中的 Eely 就是太争强好胜，事事自以为是，处处想压人一头的典型表现，别人受了几次难堪后，谁还愿意听她夸耀的言论？因此，要想做一个有吸引力的女人，在为人处世时一定要引以为戒。

话语过于高调，实在称得上是自绝后路。卡耐基就曾指出："如果我们只是要在别人面前炫耀自己，使别人对我们感兴趣，我们将永远不会有许多真实而诚挚的朋友。"一个众叛亲离的女人，如何使美得以凝聚呢？

山不解释自己的高度，并不影响它的耸立云端；海不解释自己的深度，并不影响它容纳百川；地不解释自己的厚度，但没有谁能取代它作为万物的地位……那些富有感染力的美丽女人，在话语上从不高调。

所以说，如果你想做一个美丽而富有感染力的女人，就无须喊着口号、扛着红旗让满世界的人都知道你要做什么，你做了什么，而是要收敛自己的语调，在不动声色之中凝聚魅力。

温和点，不要咄咄逼人

从容不迫的举止，比起咄咄逼人的态度，更能令人心折。

——三毛

许多女性能言善辩，时常在人群中占据上风。为了显示自己的口才有多么了得，她们更乐意咄咄逼人，说话不讲情面，甚至带有挑衅意味，尖酸刻薄，似乎这样会显得自己伶牙俐齿，不好惹，有个性，有魅力。

殊不知，说话咄咄逼人的女人，即使再漂亮、再时尚，她一切的美丽都会消失无踪，显得肤浅、粗俗、愚蠢，让人感觉索然寡味，荒谬无比，甚至会把自己置于犹如"小丑"般的尴尬境地。如此，岂有美可言？

刘珊是一个开朗活泼、直来直去的女人，她这种性格本是很受欢迎的，尤其是在竞争激烈、尔虞我诈的职场，但是她却管不住自己的嘴巴，嘴巴跟性格一样"豪爽"，经常咄咄逼人，结果美好的形象一落千丈。

有一次，刘珊被经理安排到外面做事情，文秘小红不知情，给刘珊记了"请假"，结果月底的时候刘珊被扣了工资。为此，刘珊非常气愤，理直气壮地去找小红理论，说："嗨，你搞错了吧？我什么时候请假了？凭什么扣我的工资？"

小红去询问了经理，才知道自己搞错了，但是她心想：即使是我发错了工资，你也应该好好说，怎么可以这么出言不逊呢？于是也没给刘珊好听的，"公司规定，职员因公务外出时，要和我说一声，当初你为什么不告诉我？"

刘珊一听气就不打一处来，仗着自己有理，不依不饶，"是你自己的工作没有做好，你怎么又怨起我来了，一个打杂的还不知道天高地厚了。你是不是平时看我不顺眼呀，你要是看我不顺眼就直说，少在背后捣鬼。"

一个得理不饶人，一个死不认错，谁也不肯退让，结果两人从斗嘴到最后大打出手，此事还惊动了总经理。

最后，总经理以扰乱公司秩序、影响公司荣誉为由将两人解雇了。

在这件事情上，刘珊被扣发了工资，开始的时候她是有理的，但是她横加抱怨、责骂小红，出言不逊，这就显得有些不合情理了，只会在别人眼里留下不可理喻的印象，结果破坏了双方的和谐，二人的矛盾激化，最后落了个"被解雇"的下场。

勺子没有不碰锅沿的，人与人之间难免会产生一些小矛盾，那是很正常的，不要表现出盛气凌人的样子，咄咄逼人，非要和别人分个胜负。

事实上，声音的魅力不在于言辞是否犀利，而在于人心，这就是大家常说的"公道自在人心"。当发生意见不合时，真正有魅力的女人从来不会对别人横加抱怨、胡乱责骂，也不大发脾气，而是心平气和地处理矛盾。

人们欢迎的往往是那些行为友善、令人轻松愉快的女人，因为这种女人给人的感觉是温和的、明亮的，就像冬日的阳光一样。如此，你的魅力会辐射到更多人身上，你也就拥有了更高的人气、更多的朋友。

莎士比亚忠告人们说："不要因为你的敌人而燃起一把怒火，灼热得烧伤你自己。"富兰克林说："对于所受的伤害，宽容比复仇更高大得多。"

在一条大街上，有一个古朴典雅的茶庄。虽然茶庄的地点较为偏僻，但这里的生意却很是兴隆，每天来喝茶的顾客特别多。茶庄的一个服务小姐对顾客和颜悦色，说话轻声细气。一天，茶庄来了一位比较粗鲁的顾客。

"小姐！你过来！你过来！"这位顾客高声喊道，他指着面前的杯子，满脸怒气地说："看看！你们的牛奶是坏的，把我一杯红茶都糟蹋了！"

服务小姐微笑着说："真对不起，我帮您换一下。"

很快，服务小姐就把新的红茶和牛奶端了上来，杯子和碟子跟上一杯是一模一样的，放着新鲜的牛奶和柠檬。服务小姐轻轻地把牛奶和鲜柠檬放在顾客面前，轻声地说："先生，我能不能给您提个建议，柠檬和牛奶不要放在一起，因为牛奶遇到柠檬很可能会造成牛奶结块。"

顾客的脸唰地一下就红了，他匆匆喝完那杯茶就走了出去。

其他的客人问那位服务小姐说："明明是他老土，你为什么不直接和他说呢？他对你那么粗鲁，为什么你还和颜悦色的呢？"

服务小姐轻轻地笑了笑，回答道："正是因为他粗鲁，所以我才要用婉转的方式，道理一说就明白，又何必那么咄咄逼人、得理不饶人呢？理不直的人，常常用气壮来压人；有理的人，就要用和气来交朋友。"

在座的所有顾客都笑着点了点头，对这家茶庄又增加几分好感，从此，这家茶庄的生意也越来越红火，不是因为他们的茶有多好，也不是因为茶庄的规模有多大，而是因为他们的服务态度好，让人觉得舒服。

正是由于服务小姐没有因为顾客的无理取闹而得理不饶人，而是面带微笑为顾客服务，其他顾客深受感动，才愿意光顾她的生意。试想，假如该服务小姐非要与顾客争辩，非要分出个对错来，那么她的内心势必会变得灰暗、坚硬，其他顾客又怎会为之吸引和影响呢？

相信没有一个女人愿意给别人留下肤浅、粗俗、愚蠢的印象，或许也有人正在为自己咄咄逼人的言行而后悔，可是下次还是情不自禁地做出同样的事情来。怎么办呢？这样的人要注意以下几点原则：

1. 学会三思而后行

说出去的话，就像泼出去的水一样，是收不回来的。三思而后行，这是古圣先贤留给我们的宝贵经验，意在告诫我们在说话、做事之前最好先想一想，掂量掂量，想想说出之后会有什么后果？会带给他人怎样的影响？有什么效果？更重要的一点是，说的话会不会伤人？如果伤人，能不能换一种方式说出来？只要你坚持按照以上所指出的去做，渐渐地，你就会发现，自己已经成了一个出言谨慎、说话有分寸的温和女人了。

2. 退一步海阔天空

说话口无遮拦的女人大多性格直爽，面对冤枉自己、对自己不公的事情，总管不住自己的脾气，脾气一上来就管不住自己的嘴巴，说话伤了和气，彼此间的和谐就无从谈起，这样一来，又如何来感染和影响对方呢？凡事退一步想想，在不愉快发生时提醒自己保持冷静，便有可能避免此种情况。

3. 加强自己的学识

这是最关键的一点，只有提高个人的学识，知识丰富了，眼界宽了，境界高了，你也就变得更加宽容了、善良了，渐渐变得性情温和、脾气温顺、言行举止温文尔雅，不再以出口伤人为自己的本事，"美感"也便趋于稳定了。

总之，一个优雅的女人在说话和处理事情时，都会以和为贵，以忍为上，虚怀若谷，谦卑宽容。以这样的健康心态处理事情，不但可以得到一个满意的结果，而且还会给别人留下优雅大度的美好形象，也有利于塑造自身正直善良的美感。

善于倾听，做一朵漂亮的"解语花"

生活中，最有魅力的女人一定是一个倾听者，而不是滔滔不绝、喋喋不休的人。

——美国励志大师戴尔·卡耐基

在我国古代，人们将那些善于倾听的女人称为"解花语"。从中不难领会，懂得倾听的女人是何等地迷人，她温柔地注视，她赞同地频频点头，她始终保持微笑的表情，会让每一个倾诉者都为之赞美和欣赏。

事实上，每个人都渴望被别人倾听，当自己在侃侃而谈时，总是希望对方专心致志地聆听。

因此，我们学会聆听，做一个合格的聆听者，不仅体现出我们遵从了与人交往中的文明礼貌行为，也表达出了我们对他人的欣赏。而且，这种欣赏是帮助他人建立自信的重要方式，同时我们也将更容易获得友谊、获得信赖。

我们先来看看下面这个故事：

杰西和琳达自大学时代开始就是好朋友了，毕业后她们在同一家移民公司做业务员。

虽然她们两个有着同等学力水平，但进入公司后，两人的业绩却有很大的差距。杰西每个月的业绩始终平平，而琳达到公司不足半年就当上了月度业绩冠军。

有一次，公司其他同事遇到一个棘手的客户，客户对协议单表示不满，一直不肯支付二期款，杰西和同事去劝说，非但没有达到目的，反而和客户争吵了起来。最后，公司派琳达去和客户沟通，没想到没过两天那个客户就把尾款给公司打过来了。通过这件事，公司上上下下的人都知道了琳达，因为这件事，琳达被提升为公司的业务主管。

琳达的工作能力令同事们刮目相看，大家很想知道这位新的业务主管是怎么做到的，于是大家决定让和琳达关系最为要好的杰西去打探一番。

就在杰西打算去找琳达的时候，琳达也正巧要找杰西。琳达先发话了，她笑着说："我正要找你呢，你就来了，走吧，那个难缠的客户要请我们吃饭，以此来感谢我们。"

听到琳达说这句话，杰西半天没回过神来，她不可思议地看着琳达，"不是吧，我上次去的时候，她恨不得把我赶出来，怎么可能要请我们吃饭呢？还要感谢我们，你究竟是怎么让那个冷傲的女人既同意了打二期款，又要感谢我们的呢？"

只见琳达微微一笑，说道："实际上我并没有做什么，我只不过是在找她的时候，不是先列条款，而是认真倾听了她对此事的看法，然后根据她的想法解决她的问题。对方是我们的老客户，不付二期款无非是个幌子，关键是她肯定有什么想要解决的问题。但如果你一开始就说个不停，不给她说话的机会，她就会觉得问题无法得到解决，自然会很生气了。相反，如果能够按照她的思路走，一切不就都变得简单了吗？"

听完琳达的话，杰西赞同地一直点头，也终于知道了为什么自己和琳达同时进公司而业绩相差如此悬殊了，原因就出在自己太重视说，而忘记了做一朵"解花语"，去聆听客户们的心声！

看完这个故事，想必大家都看出了驰骋职场中受人喜欢的秘诀了，其实很简单，那就是倾听。

由此可见，做一个谦虚的倾听者，是与人沟通过程中的一项相当重要的条件。愿意倾听别人，就表示自己愿意接纳别人，承认和重视别人。在这种氛围里，对方会充分地展现自己。

当然，我们不得不承认，同男人相比，感性的女人更具备语言天分。因此，让一个女人心甘情愿地闭上嘴巴去倾听别人的诉说，常常要比让一个男人遵从"沉默是金"的道理困难许多，但也正因为如此，倾听对女人而言才显得格外重要，才更值得女人们去学习、领会并运用这一沟通中的"金"法则。

苏茜茜在京城一家有名的美术杂志社担任编辑，为了找到更为理想的内容和版面，她每个周末都要去拜访几位业界很有名气的画家，并邀请他们参加自己的栏目。对于苏茜茜的邀请，这些画家从来不会拒绝，但也从来不会同意参加苏茜茜所负责的栏目。他们总是一边听着苏茜茜孜孜不倦地介绍杂志及自己所负责的栏目有多么好，一边面带歉意地告诉苏茜茜："实在抱歉，短时间内我恐怕没有办法参加。"

十几、二十几次下来，面对一次又一次的拒绝，苏茜茜有些心灰意冷了，毕竟身边的同事总能找到合适的名家合作，只有自己，路跑了不少，但成绩却甚少。为此，苏茜茜都有了辞职的打算。

这事传到了主编的耳朵里。他主动找到了苏茜茜，询问并倾听了她的烦恼之后，也找到了苏茜茜屡次碰壁的原因。原来，苏茜茜每次去拜访画家的时候，从和人家见面开始就一直说个不停，不断地对画家说自己的杂志多么权威、多么高端，这其实让画家们很反感。于是，主编对苏茜茜说："你下次再去的时候，不妨安静下来，去倾听一下对方的意见，让他们自己去评价，并根据对方的看法及时地变通自己的交谈方式。这样一来，很可能会很大程度上提高成功的概率。"

　　听完主编的话，苏茜茜也意识到自己以前所做的采访的确有些不妥。于是，第二天她约见了一位之前没有拜访过的画家，及时地调整了社交方式。这次，她没有一见面就不停地说，而是先认认真真地观看了这位艺术家的作品，有什么不懂的地方就赶忙询问。没想到，苏茜茜的提问引起了画家的兴趣，她们不知不觉就谈了两个小时。通过这次谈话，苏茜茜给这位画家留下了非常好的印象。临走的时候，苏茜茜放下了自己的样刊，并和画家约定明天再谈。结果次日苏茜茜一到画家的家里，画家就说自己同意参加，还告诉苏茜茜他的几个朋友也打算参加。

　　苏茜茜听了，心里非常高兴，在这位画家的引见下，她一下子多了好几位客户。

　　从以上两个事例不难看出，要想做一个受欢迎的女性，请一定要先学会倾听。

　　女人们要谨记，在社交场合里，大多数人喜欢事事从自我的角度出发，他们最爱谈论的便是自己。那么，你的倾听便能让他感到满足，从而对你产生好感和正面评价。

因此，当我们有说话的欲望而心里并没有想好时，不妨想想那句西方的谚语："上帝给了我们两只耳朵，一个嘴巴，就是让我们少说多听。"

或许你会说："听别人说话还不简单。"可在现实生活中，我们却很难真正做到倾听别人。回想一下，你在倾听时是否心不在焉，神情恍惚，不耐烦地东张西望，或者是机械地摆弄自己手里的物品？这些行为都不是倾听的智慧，甚至称不上是倾听，你会被对方认为是一个没有教养或不礼貌的女人。

所以说，沟通过程中的倾听对于倾诉者而言，是尤其重要的。当对方发现我们在认真地聆听他的谈话时，好感和亲近感便会油然而生。因为我们已满足了他的需要，最重要的是，我们从一开始就尊重了他。

请注意，在倾听的过程中，你不仅要保持良好的精神状态，聚精会神，表现出自己乐意倾听而且有兴趣与对方沟通，而且，你还要善于运用微笑、点头、提问题等方式，及时给予对方呼应。这是一种肯定、信任、关心乃至鼓励的信息，会使谈话气氛更加融洽，更加凸显出你的迷人魅力。

第二章

做精致女人，绽放自己

以 一 种 得 体 的 形 象 社 交

女人的气质不在于容貌，但须以之为依托。适当的装扮会提升女人的气质，起到锦上添花的作用，再有气质的女人如果不修边幅，那也很难表现出气质。走在街上，众人关注的焦点无疑是那些衣着得体、妆容自然的靓丽女子。所以，请用心经营自己的形象，打造第一眼相见的惊艳，让你的气质华美定格。

你美吗？就在初见的一瞬间

第一印象永远不可能有第二次机会。

——佚名

相信每个女人从学生时代开始，都有过这样的体验：新学期开学了，众多新生来报到，在拥挤的人群中总会有那么一两个女生特别显眼，她们未必面如娇花，但她们站立在人群中，却会显得与众不同。等到后来，我们步入社会，类似的情形更是常见：在一些大型的聚会活动中，人们的目光总是会被一两个美丽的"焦点"锁住，她们不一定是最年轻漂亮的，也未必是穿着最华贵的，但她们的魅力却能够折服所有人。

或许，你到现在依然不明白，为什么她们可以成为闪亮的美女，而你却默默无闻，很少被人关注？甚至，你还会抱怨自己不是天生丽质，渴望祛除身上各种各样的瑕疵。你知道吗？其实问题并不在这里，这个世界上没有完美的人，她们能够在魅力的角逐中胜出，是因为她们赢在了"起跑线"。

英国女王在一封给威尔士王子的信中写道："穿着显示人的外表，人们在判定人的心态，以及形成对这个人的观感时，通常都凭他的外表，而且常常这样判定，因为外表是看得见的，而其他则看不见，基于这一点，穿着特别重要……"

女王的话并不夸张。对于那些并不认识你的人而言，他们几乎都是从注意你的外表开始，再由此对你进行判断。这样做难免会有偏差，但却实实在在地告诉我们，女人的形象价值百万。一个女人不管是高矮胖瘦，只要打扮得体，外表形象美好，那么在初见的第一眼就会给人留下深刻而良好的美丽印象。

女人几乎都曾接受过这样的教育："不要太追求外表美，要努力做个有内在美的人。"以貌取人，一直以来都被视为肤浅、庸俗的行为。然而，我们不得不承认，女人的第一印象都与外貌脱不了干系。

莉莎小姐，经济学硕士，看上去算得上是个漂亮的女人。但是，可惜的是，直至目前为止，还没有一个男人爱上她。她给人的感觉甚至是邋遢的，有时候穿着两只深浅不一的袜子就出门了。至于形象就更别提了。她总是随手乱扔东西，你看到她的时候，她往往都是在找东西："看到我的钥匙了吗？我的手机哪儿去了？快帮我找找！"

工作上，莉莎擅长股票分析，可是面对这个潦草的女人，很少有人愿意与她长久交谈下去。所以，她至今升职无望，眼看着那个曾经与她搭档的女孩，现在已成了她的顶头上司。在爱情上，不夸张地说，很多男人在看到她的第一眼就没有再与她见面的欲望了。有个曾与莉莎相过亲的男人说："不能娶她做妻子，否则我的生活就布满灰尘，暗无天日了。"

当第一印象在别人的脑海中成形后，日后要付出极大的努力才有可能转变。像莉莎这样的女人，就算她突然有一天意识到了这一点，不断地提升自己的外在形象，但谁也不敢保证，她一定可以改变自己当初在别人心中留下的"定格"。

在很多回忆录中，我们都会读到类似的话"她还是老样子，和我第一次见到她的时候一样……"是不是很奇怪？一个人在经过几年、十几年之后，怎么可能一成不变呢？其实，不是对方依然如故，只是那个人的第一印象已经深深印刻在了别人心中，没有随着时间的流逝而改变。

由此可见，你能够改变自己的衣装，改变自己的妆容，但你留给对方的第一印象，却像是持久挥发不去的味道，一直弥漫在周身。

就算天生丽质，也不能素面朝天

女人要活得有理智，用三分之一的心思去爱一个值得自己爱的男人，用三分之一的心思去爱世界和生活本身，用三分之一的心思去爱自己。

——佚名

女人的美丽不仅在于天生丽质，而且出自整体的妆容效果。好的妆容是女人用智慧和修养精雕细琢出来的。想做个闪亮的美女，任何时候都要注意自己的妆容，让化妆成为自己的一种生活习惯，这种习惯一旦养成，不但可以留给他人一种美好的印象，同样可以显示出自己一种健康积极的心态，增加自己的快乐和自信，魅力自然也就增强了。相反，一个生得秀气却不注意妆容的女人，往往会因为这一点小小的疏忽，让美丽大打折扣。

庄静宸是一家外企公司的白领，相貌不俗，身材也不错，唯一一点就是肤色偏黑。但因为她口才很好，使得她在朋友圈里备受欢迎。可是最近，她因为每天都工作到很晚，所以早晨起得晚，为了上班不迟到，她也懒得化妆，几乎都是裸妆上班，有时候连爽肤水都懒得拍。

有一次，公司来了个大客户，经理觉得她业务熟练，口才也不错，就派她前去迎接，结果当客户看着她一脸沧桑地走过来，顿时就觉得对方职员不注意场合，太随便。庄静宸也立即意识到了自己的失态。早上为了赶公交，她根本就没有化妆，带着倦容和客户见面，岂不是糟糕透了吗？

一眼倾城的妆容令人倍觉完美，但这并非一件容易之事，毕竟有那么多的化妆品，那么多的化妆工具，那么多的化妆色彩，仅仅知道一些化妆方法是远远不够的，你得花一些时间练习常规的化妆技巧，这样才能够应用自如。

战国时期宋玉在《登徒子好色赋》中这样描写过一个倾国倾城的美人："天下之佳人莫若楚国，楚国之丽者莫若臣里，臣里之美者莫若东家之子。东家之子，增之一分则太长，减之一分则太短，着粉则太白，施朱则太赤。"

恰到好处的妆容似乎是女人的一个梦，难以企及。其实，对恰到好处的简单理解便是——适合自己。不管化妆水平怎样，只要做到"像自己，而不是别人"就可以了。如此一来，给人的感觉才会自然、舒服，越是真实自然的妆容，越富有吸引力。

由于从基本上缺乏精细的修养观念和习惯，也缺乏时时刻刻对形象严格要求的意识，大多数女性的妆面不够精致，修饰常有粗糙的痕迹，如口红边沿模糊、粉底浮乱、不修眉毛等，这些都会影响一个人的美感。为此，我们一定要掌握化妆规则，尽力做到精致。当然，要做到精致也并非一朝一夕之事，而是需要长时间的培养和打磨，它是女人品质最突出的一种表现。一旦你学会精致地化好口红，画出一条流畅清晰的唇线轮廓，你的品质和品位便会增添许多气质。

和谐是化妆的极致境界，包含三个层面的含义：一是妆面和谐。妆面和谐就是各部位的妆面在风格、色彩上都要协调，如眉形柔美，唇形也应柔美；眼影是冷色调，口红也要冷色系。因为面部是五官分布集中、视觉反应很强烈的部分，妆面不和谐会极大降低女人的品位；二是妆面与整体形象的和谐，也就是妆面跟发型、服饰、佩饰等关联部位的和谐；三是与外环境的和谐，即参加的场合要和你的年龄、职业和社会地位相符合，而这同样需要善用化妆手段来巧妙地表达和强化它们。

化妆不单单是给别人看的，化妆也能让自己拥有一份好心情。给自己画个简易的淡妆不过就是几分钟的事情，偶尔下楼取报纸、信件、牛奶，即使撞见了邻居，相互招呼一下，也给人以周正的印象。一个简单的妆，只需在皮肤清洁保养后，用基础色色调调整一下肤色，再稍稍刻画一下五官的立体感即可。这样看起来，既干净又整洁，还能掩盖平常的倦容和缺陷。

一个完美的女人是"妆"出来的，一个简易的妆容不但可以改变你的外观年龄，还能起到焕发青春的作用。所以，即使你天生丽质，也不要素面朝天，"妆"的结果只会使你更加美丽，为自己带来好运。

女人要精致，不要邋遢

女人可以不漂亮，但不能没气质。尽可能将自己打扮得精致，如果连自己的形象都疏于管理，那么魅力也没了。

——佚名

女人的美丽，多半不是与生俱来的，而在于后天的培养。暂且不论一个女人的长相如何，走出去的时候，一定不能邋遢；暂且不管衣着是否时尚，穿在身上就要干干净净，清清爽爽，有女人的韵味。有些女人之所以能给人以美的感觉，就是因为她知道如何装扮和保养自己，懂得如何将自己的缺点遮盖起来并展现出自己最有魅力的一面。

而你再看看我们周围，有很多女性总会因为忙碌、懒惰等种种原因，而不在乎那些微小的细节，顺手抓起一件衣服套上就上街，也不看看自己是否蓬头垢面。殊不知，当你开始邋遢的时候，你就已经慢慢失去了作为一个美女应有的精简态度了，甚至还可能会失去美好的爱情，正如一部电视剧里所说的那样："一个女孩子要时时刻刻把自己打扮得漂漂亮亮，因为说不定哪个时候就能碰见自己的白马王子。"

翁倩毕业两年，现在在一家上市金融公司工作。2月14日的"情人节"快到了，办公室里的女同事们纷纷收到鲜花、巧克力等象征爱情的礼物，而翁倩却两手空空，她自嘲地和女朋友说："看来我得做个大龄'圣女'喽！"

　　其实，翁倩在心里对一份美好爱情的降临也是非常期待的。可她为什么在应该享受甜蜜爱情的年龄，却只能望着别人的幸福感叹呢？

　　原来，翁倩是个不够整洁、有些邋遢的女孩。除了上班的时候收拾一下自己，其他时候都很随意，随便拿一件衣服就穿，更别说化妆什么的了。

　　结果，当身边的朋友给翁倩介绍男朋友，在交往一段时间后，人家就发现翁倩太过邋遢，有个男孩甚至说："没结婚就这样，那要是结婚后还不更邋遢呀！"

　　真正有魅力的漂亮女子，在任何时候都会极其注重自己的妆容和自己的整洁度。她们走在街上之所以能够赢得别人的青睐和回头率，靠的正是这一份对美丽的重视。

　　整洁干净是做女人的底线，甚至是做女人的根本。在其他条件相当的情况下，一个着装得体、干净利落的女人总会比邋遢的女人更容易得到别人的喜爱。无论是职场还是情场，整洁利落的女人总能比邋遢的女人获得更多的机会。

　　其实，这主要是"第一印象"带来的影响。英国形象大师罗伯特·庞德说："这是一个两分钟的世界，你只有一分钟展示给人们你是谁，另一分钟让他们喜欢你。"事实上，第一印象的建立就像在一张白纸上画画，美也好，丑也罢，画上了就难以抹去，甚至还会左右人的行为和判断力——人们往往会无缘由地将好感和支持给予第一印象好的人，可能是因为"爱美之心，人皆有之"的缘故吧！如此看来，为了这短暂但却至关重要的两分钟，女人们可再也不要因为追求舒适而不在意自己的穿着打扮了。

人们都爱把女人说成是水做的，那么水做的女人天生就该清爽可人，干净明丽。身为女性，我们可以没有锦衣华服，可以没有胭脂水粉，但我们不能没有干净清爽的外表。女人一定要将美丽进行到底，不要拿没有时间、没有钱当借口，干净利落的外表和生活作风是不会花费很多金钱和时间的。

选对衣服，让你看上去更美丽

千万不要华丽而低俗，因为从衣服往往可以看出一个人。

——英戏剧家和诗人莎士比亚

莉拉和麦珊在同一家公司上班，两人年纪相当，但家境却大为不同。莉拉是家里的千金小姐，每天穿着各种样式的名牌衣服；而麦珊是一个典型的"灰姑娘"，穿衣打扮极其朴素。可令人奇怪的是，麦珊总是展现出一种超凡脱俗的气质，只要有她在的地方，莉拉就被比下去了。

这其中的原因何在？很简单，原因就是：着装者的服装风格不同。所谓服装风格，是由服装的选择、色彩、搭配以及由服装气韵、款型、质地和着装者的文化素养、精神面貌、穿着方式、着装环境等多种因素，将着装者的气质融为一体，表现出来的是一种着装意境。

不管是出席会议，还是参加普通交际活动、酒会、商务会谈，都要将自己认真地收拾一番，换一身最合适的衣服，以最贴切的形象出场，这是我们都必须做的功课。

身材可以不完美，但衣服搭配一定要完美。这是凝聚美丽必须要做的。当你穿着最贴切的衣服，穿出自我的风格，以最贴切的形象出场时，你也就从外到内影响了自己，气质就与众不同，令人另眼相看、印象深刻。

身为首相，撒切尔夫人对别人的衣着毫不介意，唯独对自己的衣着要求十分苛刻。每个星期五下午去参加政治活动时，她都会戴上一顶老式小帽，蓬松的发式、大领片、厚垫肩的西装外套，脚蹬老式皮鞋，腋下夹着一只手提包。

尽管有人笑话这种打扮过于深沉老气，但撒切尔夫人却有自己独到的见解：这样的打扮整洁、朴素，显得持重老练，能在政治活动中取得别人的信任，建立起威信。的确，这就是撒切尔夫人所具备的硬邦邦的"铁娘子"形象。

尽管撒切尔夫人已经退下权力舞台，属于她的政权时代早已远去，但值得欣慰的是"撒切尔夫人风格"并未随之消散，她依然保留着自己的着装风格。"我平常就穿这些，我永远不会买一件休闲款式的衣服。"她苍老、消瘦，却回答得斩钉截铁，显露出她对唐宁街的某种依恋之情。

20世纪80年代，许多设计师将撒切尔夫人的服装搭配搬到了T台上。这把我们的记忆带回到二十多年前，在1987年的皇家行军旗敬礼分列式上，克劳福德曾对撒切尔夫人的丈夫丹尼斯说："今天首相的气度看起来是如此难以置信。"丹尼斯爵士回答："35年来她都是如此。"

一位政治领导人的气质，必须是稳重而成熟的，衣着也应该是整洁和干练的。撒切尔夫人的衣服搭配与本身的气质相符，更与自己的职业形象相符，有属于自己的个性，给人深刻而良好的印象，从而传达出了特别的女性魅力。

如果你渴望得到他人的关注，渴望让自己变成一个耀眼的美丽女王，那么从现在开始，当面对变幻莫测的众多服饰时，你不仅要选择漂亮衣服，还要学会如何搭配衣服。如此一来，即使你的身材不够完美，你那完美的形象也足以征服众人。

整齐干净，是服装搭配最基本的原则。整洁的原则并不意味穿着高档时髦，只要保持服饰干净合体、全身整齐有致便可。穿着褴褛肮脏的女人，周身的气场是灰暗的，给人的感觉总是消极颓废的；穿着整洁的女人总能够散发出强大的磁场，给人以积极向上的感觉，毋庸置疑，她们总是受欢迎的。

服饰作为人形体美的一部分，它只能是受限地存在，而不是自由存在。它的美要体现在与人的关系上，体现在与人的其他部分的和谐上。所谓和谐原则，是指协调得体，是服饰与人的体形、肤色以及地点场合等的和谐。比如，服装与体形的关系最紧要的是大小合身和长短相宜。如旗袍穿在身材匀称、修长的淑女身上，可增强美感，而着于矮胖型的女性身上则更暴露其缺点，破坏美感；在安静肃穆的办公室里要以简洁、清雅为主，如果穿一套随意性极强的休闲装，则人、境两不宜，魅力也势必会大打折扣。

不同的人由于年龄、性格、职业、文化素养等因素的不同，自然就会表现出不同的气质，故要想将衣服穿出味道来，服饰选择应符合个人气质的要求。为此，我们不必盲目追求时髦，而应该深入地了解自我，让服装尽显自己的个性风采。

懂得了这些原则之后，无论你是混迹职场多年的资深人士，还是青苹果一样青涩可爱的社会新人，都要重视服饰的合理搭配，进而塑造完美的个人形象，充分彰显自己的魅力，第一时间给他人留下深刻的印象。

总之，身材可以不完美，但形象决不可以被不完美的身材所影响，形象是可以改变的，关键是看你怎样去把握。衣服搭配得好，你就能遮掩自己的不足，改变自己的形象，让自己看起来更完美，而且，你的形象反过来也会影响你的所作所为，将你塑造成一个全新的、强大的"自我"。

找到属于你自己的"颜色"

所有的颜色你是数不过来的，但你应该会分辨它们。

——苏联作家阿·巴巴耶娃

说到女人的形象从平凡到美丽的秘密，不同的人有着不同的答案。然而，从一个女人的角度来看这个问题，答案无非两个字——色彩。我们无法想象，失去色彩的世界将是何等苍白；我们同样无法想象，失去色彩的女人将是何等黯淡。这个世界从来不缺乏色彩，缺乏的只是对色彩的认识和运用。

正如艺术家凡·高所说："没有不好的颜色，只有不好的搭配。"而在最能体现人敏感、多情的特性并与人的形象息息相关的穿着方面，色彩几乎可被称作是服饰的"灵魂"。

有个女孩，身材很好，身高也适中，腰细腿长，许多衣服穿在她身上都曲线毕露。但就是有一点，不管她穿什么样的衣服，怎么都体现不出她独有的特质。后来，一位色彩顾问告诉她，问题不在于衣服的款式，而是衣服的颜色不够亮——她平时喜欢穿带点紫的红色，带点咖啡的绿色，带点粉的蓝色，带点褐的黄色，带点暗格子的灰色……整个人看上去面目模糊，混浊一片。

她听取了色彩顾问的意见，一改往日的穿着，结果，她神奇地发现，自己似乎在一夜之间魅力大增。那天早上，她来到办公室，同事们都说她今天气色比昨天好，也比昨天漂亮了。当大家都在研究她是不是换了什么新的护肤品的时候，一位要好的女同事发现，原来是她换了一件不曾穿过的颜色的衣服。一整天，她的心情都格外开朗，同事们也都因为她的美丽而愉悦起来。

女孩突然明白，这就是色彩的魅力，它真的可以轻松地改变自己和周围的人。

或许很多女性不愿意相信，自己喜欢的色彩不一定适合自己。换句话说，如果你想让自己成为一个自信满满的女性，那么就努力寻找真正属于自己的色彩吧！

在此，我们就告诉美女们选择色彩时的几点要领：

通常来讲，我们首先要选择符合自己性格、气质、风度的色调：红色热烈，黄色高贵，蓝色沉静，绿色和平，白色纯洁，黑色庄重，灰色典雅……可以说，不同色调的不同组合，其含义也是大为不同的。

当然，我们身着的服饰通常不是由某个单一的色彩构成的，而是由许多色彩相互搭配而成的。现在，我们就来看看颜色搭配中的一些秘诀吧：

1. 同种色搭配

这种搭配形式指的是，用同一色彩中各种明亮度不同的色彩来进行搭配与组合。

简单来说，就是同一色系中的各种颜色，根据深浅程度不同来进行配色。一般来说，如果一套衣服上下颜色一致，会给人一种严肃、规范的感觉，而且也显得单调。而要是在颜色深浅上做一些文章，那么视觉效果就会好很多了。

如果我们留意一下就会发现，在服装配色中，这种同色配合以及同系配合的运用是比较多的。需要我们注意的是，在进行这样的搭配时，一定要掌握好颜色的明亮程度，如果明亮度太接近往往会使服装显得陈旧，而明亮度相差太大则又显得过于强烈。

因此，在搭配时，我们要尽量做到服装的明亮度与两种颜色在服装上所占的面积差成正比。比如，上下装面积差较小的时候，我们可以选择明亮度差小一些的搭配；当边条与正身的面积差较大时，那么在搭配时，明亮度差就要大一些了。

2. 相似色搭配

这种搭配是指用色谱上相邻的颜色进行搭配的方法，比如黄配红、绿配蓝、白配灰等。通常来讲，运用相近的色彩配色，自由度较大。因为它与同种色搭配的形式相比，显得丰富而有变化。也正是由于这个原因，相似色搭配要比同种色搭配难度大一些。

我们知道，服装的整体色首先会反映在占主要地位的色彩上，也可以说它是服装的基调。我们需要根据服装的用途、场合等来选择冷色调或者暖色调，华丽或者朴素等色彩。服装的整体色中应包含其余局部色，同时，局部色要服从于整体基调，利用色相、明度和纯度的对比，起到突出基调的烘托作用。

生活中，有不少女性备感困惑：为什么这个颜色、这个款式的衣服别人穿就好看，而自己却穿不出那么棒的效果呢？仅仅是因为身材吗？

其实不然。除了身材、气质等自身因素外，还有我们每个人肤色的关系。所以，我们在进行服装配色的时候，不但要注意服装的色彩搭配，还要注意服装颜色和自身皮肤的色泽是否合适。

通常来讲，与暗色相比，较为鲜亮的色彩更能增强我们肤色的亮度。另外，亮丽一些的色彩往往更能够渲染气氛、愉悦心情。

我们要相信自己，只要选择适合的色系，就能穿出特色来。每个女性都有属于自己的色彩，我们要想在短时间内建立耀眼的魅力，那么就相信色彩，并巧妙地利用色彩吧，它可是一条易走的捷径哦！

高跟鞋，穿出足上魅力

女人就应该穿上高跟鞋，一双真正的高跟鞋，要能在舒适、品质和款式之间找到平衡点，进而从背影能看出腿部曲线的性感优美，女人就能变女神！

——英国鞋子设计师奥西尔·马诺洛

提到女人的鞋子，不能不说起高跟鞋。可以说，高跟鞋是女人时尚史上最伟大的创造。

哲学家和"物质狂"都认为鞋子就像艺术品一样值得被收藏。菲律宾前第一夫人伊梅尔达收藏了 3000 多双鞋，《欲望都市》的女主角 Carrie Bradshaw 因为狂购美鞋而入不敷出。

20 世纪法国著名哲学家乔治·巴塔耶曾经奚落道："艺术家们对一幅毕加索作品的热爱，就好比物质崇拜者们对一双美鞋的热爱。"

说到鞋子，我们不禁会想到灰姑娘和水晶鞋的故事。然而，却很少有人去品味其中的寓意——王子不想通过容貌去寻找他的真爱，他认为鞋子才更牢靠。

每一个女人都应该有一双，甚至多双高跟鞋。高跟鞋使一个女人完全灵动了起来，它不仅能增加女人的高度，还提高了女人性感、妩媚的魅力，彰显了女性独特的美丽魔力。一个女人，如果没有一双高跟鞋，就像灰姑娘丢失了水晶鞋一样，即使美丽，但离高贵还是远了一点。可以说，高跟鞋是每一个女人的必备武器。

琳达从小就羡慕那些T台上漂亮、高挑的模特，希望自己长大后也能和她们一样漂漂亮亮、高高挑挑。但令琳达失望的是，自己最终只有162厘米的身高，在那些高个子女同学面前，她总是感到很自卑。琳达虽然多才多艺，但每次学校组织文艺活动，她都不敢报名参加，害怕自己一上台就被那些高个子的女孩比下去。

几年前，琳达刚开始找工作的时候，一心想应聘某公司前台的职位，想到自己热情细心、负责任，而且自己的专业就是文秘，琳达充满了自信。但第一次去面试时，琳达第一个就被刷了下来，理由很简单，人家要求应聘者必须要在165厘米以上。顿时，琳达伤心透了，更加感到自卑了。

可是，身高又不能轻易改变，琳达无奈地找姐姐诉苦。姐姐看到琳达脚上蹬的平底旅游鞋，"扑哧"笑了，然后拿出一双高跟鞋让琳达穿上试试。但是，琳达以前从来没有穿过高跟鞋，又觉得自己穿不了，就连忙摆手，连连说道："我穿不了这种鞋!"

经过姐姐的一番苦言相劝，琳达最终答应试一试。穿上高跟鞋后，琳达望着镜子中自己明显被拉长的身材，露出了自信的笑容。

可以想象到，琳达会感谢姐姐的提醒和鼓励，也会感谢高跟鞋给自己带来的不同于往日的美丽和感受。很多女孩都和琳达一样，为自己没有高挑的身材而苦恼、自卑，但是身高是个后天很难改变的现实，与其为此而闷闷不乐，何不借用一下外力来掩饰自己小小的缺陷呢？

当然，用高跟鞋来增高不是我们选择它的唯一理由。从生活中或者影视剧中我们都不难看到，那些脚蹬高跟鞋的女子，自信大方地穿梭于街头巷道、商场闹市等各种各样的场合。因为高跟鞋，她们自然挺胸翘臀，性感优雅，不知赚取了多少男人和女人的回头率。所以说，除了增高的作用之外，高跟鞋的更大妙处还在于为女人增添迷人的气质和魅力。

英国万人迷球星大卫·贝克汉姆的妻子、英国歌手和时尚设计师、时尚的代言人维多利亚·贝克汉姆，就是一个极其热衷于高跟鞋的女人，无论她走到哪儿，都会成为人群中的焦点。

贝嫂维多利亚·贝克汉姆一向是时尚的代言人，她对高跟鞋的热爱，大家是有目共睹的，Brian Atwood、Christian Louboutin、Miu Miu、YSL……她超级爱穿高跟鞋，属于不穿高跟鞋就不能出门的那一类女明星。

贝嫂仿佛练就了绝世轻功，哪怕再吓人的高跟鞋，她也能泰然自若，神情淡定地保持她的 Fashion 高姿态，而且还练就了穿上高跟鞋照样可以热舞如常的功力。可以毫不夸张地说，高跟鞋已经融为维多利亚身体的一部分，成了她的造型符号。

正是因为借助于高跟鞋，贝嫂只要一出场，自然就会以挺胸翘臀、高挑、性感、优雅的造型亮相于人前，恰是"迟迟春日弄轻柔，知是凌波缥缈身；腰肢轻摆，莲步挪移，曲线曼妙"，可谓是魅力四射，诱惑力十足。

事实上，大多数女性都知道，穿平底鞋与穿高跟鞋走路的感觉是完全不一样的。不妨试想一下，当你稳稳当当站在别人无法企及的鞋跟高度之上，那种自信的感觉是不是棒极了？而且，穿高跟鞋需要平衡身体的重心，身体会不由自主地变得挺拔起来，步履轻盈，姿态优美，给人的感觉顿时就会不一样。

一个女人，即使没有模特一般的高挑身材，没有女明星们的迷人气质，但只要选择一双彰显自己个人气质的高跟鞋，女人味立刻就被提升到了极致，散发出来的自信与风韵不言自明。

值得一提的是，选择高跟鞋的时候要非常慎重，穿高跟鞋时也要讲究科学，这样才能淋漓尽致地演绎属于你的美丽。否则，不但不会成就自己的优雅形象，难以打造出女王"范儿"，反而会给自己的身体造成不必要的负担。

俗话说，鞋穿在脚上，舒不舒服只有自己知道，对于高跟鞋而言更是如此，要兼顾美观与舒适，并非想象中的那么容易。所以，我们为你拟出以下几条挑选高跟鞋的必读攻略，你不妨对号入座，选出最适合你的那一双高跟鞋。

对多数女性来说，5~7厘米是最受欢迎，也是最安全的美丽高度，穿起来既不会摇摇欲坠，又显得颇为优雅，能产生高挑挺拔之效，特别是5.5厘米的鞋跟，性感、易行走，就算是偶尔需要狂奔的时候，也能够轻松驾驭。

多加留心的人不难发现这么一个现象，有些高跟鞋的脚步声，不只是后跟落下去的那一下下，还伴随有后跟在地上短暂的拖拉声，这就是穿鞋者脚抬不起来，拖拖拉拉所带来的声音。听到这种声音，别人会以为你走累了，或者是正有什么不开心的事情，致使你垂头丧气。要知道，一个没有精神的女人很难有吸引力的。女人穿高跟鞋的时候是袅袅婷婷的，要尽量将脚抬得更高一点，高跟鞋在地上应该是一步一个干脆利落的声音。一声声清脆又有力度的"咚，咚，咚"的高跟鞋声，会让别人情不自禁地联想到你是一个精神十足、热情洋溢、充满自信的女人。

穿高跟鞋弯着膝盖走路，的确能减少对膝盖的冲击，特别是那种鞋跟高且前掌比较薄的鞋子。可是，舒服归舒服，整个人却呈现出一副很难看的样子，再加上要保持平衡，肩背微微弓起……实在是大煞风景。

一个站在超市的食品货架旁选购东西的女子，十分惹眼。她的腿细长，而且十分笔直，一条短裙和一双高跟鞋穿在她的身上，更是凸显了其美腿的魅力。可是，当她买完东西，迈步离开的时候，却令人十分失望。她走路时膝盖关节是弯的，就好像上台阶一样，实在无法给人以美感，之前的那番美感也顿时不见了。

想让高跟鞋成为提升魅力的关键，那么不妨在平日里多练习一下走路的姿势。最最重要的一点，就是要挺直你的膝盖。

脚是人体天然的减震器，穿高跟鞋的时候，身体全部的重量会从整个脚掌移到前脚掌，脚部肯定会感到不舒服，穿久了，脚部甚至会有疼痛感。为此，女人要经常按摩脚部，解除这种疼痛。按摩的方法是：先把鞋子脱下，按摩前脚掌；然后坐下来（最好是把腿抬高）休息 10 分钟，让血液循环到脚部；最后，起身站直，双脚分开与臀部同宽，想象有一根绳子从头的中间将你往上拉。

总之，高跟鞋会让女人产生独特的自信，从脚底升腾出新鲜感与时尚感，脚上的魅力一定会为你赢得更多的赞叹和尊重，让你的气质变得与众不同。

配饰，于细微之处见风姿

用配饰，永远把你最后戴上的东西拿下来。

——可可·香奈儿

服装是设计师灵魂的表现，而配饰却是女性灵魂的表现，是女人身上的艺术品。一件好衣服固然很迷人，但却不一定会让你在别人面前大放异彩，而配饰却可以在细微之处通过不可抵挡的力量把你的魅力传递出来。

美国街拍女星妮可·里奇身高只有155厘米，相貌算不上绝色，但是她却被称为时尚代表，多次被美国、英国等著名时尚媒体评选为最佳穿着女星，是众多潮人的效仿对象，甚至女明星们都趋之若鹜。

如果你仔细去看妮可·里奇的街拍照，你不难发现，几乎每张照片上的她，都戴着一副大大的墨镜，令人感觉到这个女人的气场之强大。可以说，各式各色的超大墨镜，就是她的秘密武器。妮可·里奇称，她已经拥有超过200副的太阳镜了。

想让自己的形象充满诱惑，就要学会和妮可·里奇一样，善于利用特殊

"道具"，注重细微之处创造的美丽。恰到好处的装饰会让你熠熠生辉，或娇艳或高贵，或时尚或个性。

一般来说，配饰可以分为三类：

第一大类是首饰，通常泛指全身的小型装饰品，包括耳坠、项链、手镯、戒指、发卡、头簪等。在现代生活中，眼镜、手表、胸花、发带之类也延伸到首饰系列里。

第二大类是衣饰，一般指项巾、领带、腰带、头巾、披肩、纽扣等，它们的艺术魅力主要来源于色彩、图案、质料或造型，能产生多种艺术效果。

第三大类是携带物，诸如挎包、提包、雨伞、扇子之类，如今，这些实用性的物品正日益起着不能忽略的装饰作用，带来了意想不到的艺术情趣。

不同的配饰会赋予女人不同的气质，职场、派对、居家休闲……在这种种不同的情境中，女人扮演着不同的角色。唯有掌握好情境搭配法则，学会艺术地搭配，才能将自身的气质诠释得淋漓尽致。

有一句经典的爱情名言曾说："最好的并不是最适合你的，最适合你的才是最好的。"挑选配饰也一样，要在纷繁的配饰中挑选最美的配饰，几乎是不可能的，而配饰的点、线、面只要与你的肤色、体形相配，最适合你，那这配饰就是最好的。

比如，选择佩戴什么样的珠宝首饰时，要充分考虑自己的肤色和体形等自身条件。黄皮肤的女性，适宜佩戴暖色调的珠宝首饰，可选用红色、橘黄色的宝石 (如红宝石、石榴石、黄晶等)，这样可衬托出黄皮肤人的秀丽和文雅；如果你是一个矮小且瘦弱的女性，那么你就适合那种细小的项链，而不适合配佩粗大或长长的挂件；如果你身材矮小且略微发胖，为了能够让自己的气质变得优雅一些，你可以选择高品质或流行时尚感强的手袋来搭配。

像金银、珠宝等配饰都具有较强的隐喻意义，它们的价值和光泽隐喻了富有、华丽；象牙、石质、木质饰品隐喻较强的厚度、质感和温度；水晶、玻璃等饰品则有透明、明快、纯洁以及清凉感的寓意。所以，在选择配饰的时候，你要考虑这些配饰所隐喻的意义是否符合你的需要，然后再根据自己的气质和服装进行搭配。所以，女人们在选择配饰的时候要非常慎重，只有选对了，才既能表现自己优雅的气质，又能给人以严谨和端庄的感觉，尽显自己的华丽高贵。

一般来说，隆重的社交场合要佩戴高档的饰品，廉价的饰品一般在日常生活中佩戴。不过，有时也可进行巧妙搭配。比如，用高档的配饰配普通的服装，可提高服装的品质；将高品质的服装与低价格的配饰搭配，可提高配饰的品质。如此，给人的感觉不柔不硬，恰到好处，会令别人情不自禁地着迷。

配饰既可以单一使用，也可以多重使用。多重使用，应该是你在购买时考虑的重点。什么是多重使用呢？在场合上，可以用在晚装、日装、职业装等两个以上的场合；或在色彩上，可以与两个以上色彩的服装相搭配；或质地上，能配合两个以上季节的服装。

需要指出的是，配饰只是起到画龙点睛的作用，用于调节着装，使之与自己所要展现的气质更为合拍。因此，我们要本着宁缺毋滥的原则，不要为了饰品而使用饰品，一两件是精巧的装饰和点缀，多于三件则会显得庸俗，有损自己的气质。

总之，女人可以不需要化很浓的妆容，绾很精致的发型，只要根据自己的气质选择合适的腰带腰链、皮包、手机挂链、发饰胸针等，一点的小改变就可能成为一道美丽的点睛之笔，就可以很好地衬托出完美而优雅的气质。

总而言之，相较于好的服装来说，女人更加离不开好饰品的点缀。其实，好的饰品的效用常常大于好的服装。既然如此，何不让饰品来为自己"画龙点睛"一下呢？

香水的魔性：有味道的女人有魅力

一个不喷香水的女人是没有未来的。

——可可·香奈儿

女人与香水的关系，如同女人与镜子的关系一样永恒。香水像是带有一种魔力，有味道的女人有魅力，有魅力的女人当然所向披靡。

好莱坞当红影星玛丽莲·梦露是世界上公认的最有味道、最为性感的女人，她十分喜欢使用香水，她睁着那双让全世界男人都痴迷向往的风情眼睛，用慵懒而富有磁性的嗓音告诉世人："夜间我只'穿'香奈尔5号。"

已故的美国总统肯尼迪，曾经在一次私人晚宴上碰见了梦露。当梦露着一袭黑色长裙，笑靥如花，带着香奈尔5号所特有的香气走过来时，刹那间，肯尼迪就拜倒在梦露的石榴裙下，他被完全征服了，丧失了理智。或许是因为香奈尔5号的妩媚风情，或许是因为梦露的迷人气质，但可以肯定的是，香水无疑给梦露带来了更大的吸引力。

一个人精致的妆容与得体的服饰，可以给人留下深刻的第一印象，但是令人永久不忘的却是她身上那股若有若无的香味。那隐约飘散出来的香气，正是女人的无形装饰品，可以在不动声色间表现出女性的独特魅力。

香水和女人身上一切有形的服饰、妆容、佩件皆不同，它无形地、幽幽地萦绕于身，能将我们带入不同的心境——自信、魅力、浪漫与优雅；它的美丽看不到、听不到，只能意会，也因此才会有"闻香识女人"这种意境。

值得一提的是，每个女人都会和某一款香水契合，这与人与人的相遇一样，也需要缘分和机遇。也就是说，香水的运用需要与自我的气质浑然一体或相互补充，方能体现出独特的个人气质，这是使用香水的最高境界。

如果你活泼可爱，热情爽朗，可以选择曼陀罗花、香子小雯、柑橘调、甜香调等花香型香水，娇而不媚、烈而不浓；如果你坚强内向，谨慎小心，喜好安静，可以选择树木、乙醛、东方香等温婉迷人的香水，让浪漫温婉倾情而出；如果你喜欢简洁明朗，纯情文艺，可以选择纯净、透明的质感以及甜蜜的水果香型香水，自然之余香气若隐若现，诱发无穷幻想；如果你聪明理智，独立能干，可以选丁香、檀香、玫瑰香型香水，步履穿梭间轻洒幽香，可使你时刻都是焦点，魅力不减。

对香水的拥有和使用代表了女人修炼和成熟的程度，表达的是女人的形象和品位。除了选择适合自己的香水之外，要想成为一个香水的使用高手，让香水充分发挥出魔性，打造出女王"范儿"，还有一些必须遵循的规则。

以香奈儿为首的好几家香水厂商，都提倡从手腕移向身体涂香水的方法。先将香水沾在手腕上，然后再移往另一手的手腕，再从手腕移至耳背、发际、胸部，然后擦在所有的部位上，活动时香气会均匀地往外扩散，香气圆润又舒适，既持久又淡雅。如此一来，你的独特魅力也就会如同一片薄纱轻轻地萦绕在你身上。

有些人会直接将香水喷在衣服上，但是下次若想使用不同的香水时将造成困扰，所以我们要避免这种方法。但可以适当地喷在衣服边缘，如擦在裙摆，走动时香味随着肢体的摆动，摇曳生香，这可是一个大窍门。

认识到香气的魔性后，许多女人会理所当然地认为香水喷得越多越好。其实不然，过多过浓的香水还会让人感到有一种不愉快的气味，这种气味会抵消我们的内在能量。实际上，淡一些，似有似无更迷人、更有魅力。

总的来讲，香水的香味应不具刺激性，不要过于浓烈，要特别考虑他人的感觉，不相容的气味会产生一种人际间的排斥感。因此，在使用香水时，要注意香水本身的浓淡，只有将香水运用得恰到好处，才能使自身魅力大增，达到令人心醉的境界。

在职业、社交、休闲运动三大场合中选择香型是有讲究的。职业场合，香气应是知性的、清新的、高雅的、温柔的；在社交场合，香气应是性感的、艳丽的、饱满的、个性的；休闲运动场合，香气自然该是活力充沛、振奋舒畅、清新愉悦的。另外，由于香水的挥发程度与外界温度有很大的关系，所以我们还要根据时间来决定使用香水的类型。由于白天气温较高，人的嗅觉会变得敏感，香气易于扩散，故宜用清新、清爽、浓度低的香水，晚上则使用香味相对较浓的香水。

女人涂香水，最忌讳的一点是用劣质香水，散发着一股刺鼻而浓重的味道。那么，如何在琳琅满目的各色香水中挑选出精品呢？这就需要我们从香水的色泽、香味及包装上进行鉴别。优质的香水必须是清澈透明、清晰度高的液体，无任何沉淀；一般不含色素，在 30 摄氏度的温度下，经 24 小时不变色；不要靠直接闻香水瓶里的香味来判断气味，来到商店，拿起香水瓶，洒一滴到腕骨上，20 分钟之后，香味纯正，无刺鼻的酒精气味的香水为优质香水，通过这种试用方法，你也能判断出它是否适合自己；还要特别注意香水瓶的密封情况，要选择瓶口与瓶盖之间严密无间隙，包装整齐，图案清晰，瓶外观无裂纹及污渍的香水。

当然，好的香水需要好的保养，新购买的香水最好放置一段时间再使用，这样能使香气变得更加纯正宜人，存放时要避免阳光直射，放在阴凉干燥的地方。使用后则要尽快盖好香水瓶盖，以免香水挥发造成浓度的改变。

可可·香奈儿 (Coco Chanel) 曾经说过："不用香水的女人没有将来。"一位著名的女性心理学家也如是说："女人潜意识中对香水的最大的企盼是帮助她建立自信心，拔萃出众。"

因此，女人们，请寻找属于自己的香水吧！勇于尝试各种不同的香味，尽情地享受各种不同的香水给你带来的魅力吧！总有一天，你会发现找到生活中如情人般的那种味道，任谁都忘不掉……

第三章

有一件事比漂亮更重要——优雅

以 一 种 优 雅 的 举 止 立 身

女人的气质看似无形，实则有形，它是从一个人的言谈举止、待人接物的举手投足间表现出来的。一个有气质的女人，她的一举步，一伸腰，一掠发，一转眼，都如蜜在流，水在荡……这是一种自然流露的优雅气质，其韵无穷，其味幽香，让人觉得带有一种美感，禁不住心神荡漾。

一个好姿态，胜过一个好妆容

最是那一低头的温柔，像一朵水莲花不胜凉风的娇羞。

——徐志摩

有人说，一位姿态优雅的美人，就是一个流动多变的艺术长廊。也有人说，女人优雅的姿态，就像一个无形的精灵一样，会紧紧地抓住人们的感官，悄悄潜入人们的心灵。凡此种种，无不表露出优雅的姿态所体现出来的动人景象和它给人们带来的感受与印象。

在前些年红遍大陆的由王家卫执导的电影《花样年华》中，女主人公苏丽珍用她那曼妙的姿态，淡淡的笑容，沉稳而平静的眼神，给观众留下了深刻的印象；同时，也正是她的姿态，让我们看到她所有潜藏于心海之中的波澜壮阔。

显然，这是一种姿态的魅力。没有华丽的服饰，一样可以让女人拥有致命的吸引力。一位具有优雅姿态的女人，必然富有迷人而持久的魅力。

可以说，姿态是一种围绕在女人身体周围的缓缓气流，让人稍一接近就可以感受到她们身上所散发出来的气息。在现实生活中，能给人留下深刻印象的女性，往往都是拥有好姿态的女性。她们不必浓妆艳抹，不必身着华服，仅仅一举手、一投足就足以把人们的目光吸引过去，令人赞叹。

大作家巴尔扎克曾这样描述女人的姿态："半开的嘴唇露出一副好看的牙齿；散开的披肩，让你在大印花纱衫的褶皱底下注意到她可爱的胸部，而并不妨碍她的端庄。总之，这相貌完全表露出她童真的灵魂多么纯洁，尤其因为没有别的表情困扰，令人看得格外清楚。"

我们都知道著名影星奥黛丽·赫本，虽然她已经去世很多年，但是依然没有人能够超越她。人们赋予她极高的称赞，称她是上帝派来的天使，因为她是美貌与爱心兼得的精灵，她的降临是人类世界的一个奇迹。

看到这里，或许你的脑海里已经浮现出赫本那双明亮清澈的大眼睛，那双眼睛就像精美切割的钻石一样闪闪发光。她那清新脱俗的古典气质，就像是夜空里璀璨熠熠的星辰，甚至月亮在她面前都黯然失色。

在银幕上，赫本一直用自然的姿态来诠释银幕角色。一本关于赫本的书中提到，《罗马假日》的导演在筛选演员时，曾经用戏中的一幕来测试演员：公主身着柔细华美的睡袍，在一张大床上进行仰卧起坐运动。奥黛丽·赫本十分柔弱，她用双臂迎向装饰美丽的天花板。接着，她还非常自然、淘气地做了一系列的特定情节，当她做这些动作时，有一架摄影机在偷偷地对着她拍摄，但她毫无察觉。

测试的结果是赫本的姿态最令导演满意。不为什么，只是她将一种最自然的姿态融入公主这个角色中。公主在做仰卧起坐的时候也是一个普通人，与此同时她又是一个少女，而赫本却将这些动作和表情完美地结合在一起，塑造出一个俏丽清纯、流光溢彩的公主形象。

可以说，赫本所具有的独特风采并不是靠完美的妆容表现出来的，而是她那与众不同的气质以及她那优雅的姿态。

再美丽的粉黛都有卸下去的时候，当美丽的妆容不再，当岁月的痕迹一点点爬上我们的脸庞，能够依然让女人散发夺目光彩的，只剩下那从容的、优雅的、磊落的、淡然的姿态。而这些姿态不会随年华一并老去，反而会越来越有味道。

有人在超市里见到从政坛退休的撒切尔夫人，发现她不管是在神态还是在精神上，都和曾经在位时没什么两样。她会和收银员谈笑风生，就像当年她和议员们谈笑时的姿态一样。

可见，成就撒切尔夫人的绝非是美丽的面庞，对一个年逾花甲的老人来说，唯一能成就她的是她那优雅的姿态。

其实，不管是风华正茂的年轻女性，还是步入晚年的老年女性，我们都应该深深记住一点：时间终会流逝，岁月终会为我们带来苍老，我们没必要刻意强求，而应及早做好准备，从日常点滴中培养自己优雅迷人的姿态，让自己以这种优雅的姿态永远美下去。

收起那些不雅的小动作

形体之美要胜于颜色之美，而优雅行为之美又胜于形体之美，最多的美是画家无法表现的，因为它是难于直观的。

——英国哲学家弗兰西斯·培根

看看大街上，熙来攘往的人流里，有多少美女优雅地从我们眼前飘过。可一到具体的生活层面，可就没这么多了。原因何在呢？

其实，这主要是因为，看似仪表堂堂的美女们，常常在一举手、一投足间暴露了其粗俗的一面。也就是说，真正能做到时时处处都优雅得体的女性并不多。

要成为一个优雅的女性，首先要举止大方得体，这也是最基本的礼节。身为女性，要给别人留下美好的印象，外在美固然不可小觑，但优雅的举止、高雅的谈吐等内在涵养同样重要，甚至更为重要。

我们知道，容貌会随着时光的流逝而渐渐衰老，但优雅端庄和彬彬有礼的举止却会像陈年的老酒一样，越沉淀越香醇。

换句话说，一个女人可以长得不够漂亮，但是只要具备优雅得体的举动，她们就会比那些仅仅容貌俏丽的女性更胜一筹，因为，这种含蓄的美更加动人。而一个不管多么青春靓丽的女性，如果以一个泼妇形象出现在我们面前的话，那么只能让我们感觉这人太粗俗、太没教养，让人避之唯恐不及。

28 路公交车到站后，下车的乘客陆续走了下来，上车的乘客正排队上车。这时候，只听一个尖声亮嗓大喊："快点行不行呀？前面怎么那么慢，没吃饱饭呀？"

顿时，人们纷纷把目光聚集到这个容貌美丽、身材窈窕，但出口不逊的女孩身上。

按理说，这时候女孩会害羞，会感觉不好意思。可这个女孩却越发来劲了，见人们瞅她，更是满嘴怒气地撒泼："看什么看，上车不利索不能说呀!"

这样一来，全车的人有的露出讥讽的笑意，有的摇摇头，有的窃窃私语……

其实，我们的行为举止实际上就是一种无声的"语言"，它能够真实地反映出一个人的素质、受教育水平，以及能够被人信任的程度。

我们的老祖宗早就提出人们关于举止美的要求，即站如松、坐如钟、行如风。有人也曾经说过："礼貌举止好比人的穿衣，既不可以太宽，也不可以太紧。"

现如今，大到社交场合，小到居家过日子，无处不在反映一个女人的举止是否得体。能够称得上真正美丽的女性，一定是内外兼修、大方得体的人。

那么，生活中我们该注意哪些行为举止，而不"出卖"自己的优雅呢？

1. 在与人交谈时不要抖腿或者晃脚

有些女性朋友在坐着与人交谈时，会不自觉地抖腿或者晃脚，这种无意识的习惯会让别人觉得你是一个轻浮、随便、缺少教养的女人，对你的印象大打折扣，无形之中，你的魅力系数也会受到很大的影响。

所以，在日常生活中，尤其是在公众场合，女性朋友们一定要注意这一点，千万不要让这种习惯为你"抹黑"。

2. 用完餐后不要当众剔牙

出于习惯或者牙缝大、牙齿不整齐的原因，有些女性朋友喜欢在用完餐后用牙签当众剔牙，这种毫无避讳、当众剔牙的行为是非常不文明、不礼貌的，不仅影响别人的食欲，而且会破坏自己在他人心目中的形象。试想，有哪个魅力女人会在用完餐后当众剔牙呢？

因此，无论在什么场合，无论在什么情况下，女性当众剔牙都是有损形象的，应该坚决杜绝这种行为。更何况，经常剔牙也不利于牙齿健康。

3. 公众场合不要交头接耳

在公众场合经常与人交头接耳，这是很多女性的通病，也是破坏女性形象的隐形"杀手"。这种嚼舌头、咬耳根、交头接耳说悄悄话的行为不仅会让别人认为你是一个非常小气、爱搬弄是非的人，而且会让旁人疑心你正在说他的坏话，对你产生反感。

这种行为，于人于己都是有百害而无一利的。所以，日常生活中，女性朋友们一定不要养成这种坏习惯，否则将会给自己带来不小的麻烦和苦恼。

4. 不要当众抠鼻子、随地吐痰、乱扔垃圾等

相信不管是女性还是男性，这些不文明的习惯都会让自己的形象大减分，尤其是女性，在卫生、文明、礼仪等方面更应该多加注意。一旦出现类似的

不良习惯，就会给自身的形象带来毁灭性的打击。

试想，有谁会对一个有当众抠鼻子、随地吐痰、乱扔垃圾等不文明习惯的女人产生好感，留下好印象呢？

所以，女性朋友们一定要注重生活中的每一个细节，养成良好的生活习惯。

5. 不要抱怨个没完，唠叨个不停

这也是很多女性都会有的不良习惯。只要一遇到点挫折或者不顺心、不如意的事情，就会愁眉苦脸，开始喋喋不休地抱怨这、埋怨那，似乎这个世界上所有的人都亏欠了自己似的，这种行为是非常容易惹人反感的。

的确，一个满腹牢骚、唠唠叨叨的"怨妇"又有什么魅力可言呢？所以，还沉浸在抱怨中的女性朋友们，请赶快醒悟吧，不要逢人就哭诉，也不要一遇到不顺心的事情就唠叨个没完，这些只会让自己在他人眼中的形象越来越差，甚至会招人嫌弃。只有改正了这种不良习惯，你才能拿到修炼魅力女人的"许可证"。

6. 公众场合不要大声打电话

你是否有过这样的经历呢？公交车上，某女士旁若无人、肆无忌惮地打着电话，说话的分贝大有赶超汽车喇叭之势，狂放的笑声久久回荡在整个车厢的上空。这个时候，你是怎样的感觉呢？相信不管这位女士长得多么漂亮，穿着打扮得多么讲究，大多数人都会向她投去厌烦的目光。

这当然不是想象出来的场景，现实生活中，确实有一部分女性存在这样的习惯，为了打发无聊的时间，她们在公交车站等公众场合大声地打着电话，根本不去顾及旁人的感受。

这种"将自己的快乐建立在别人的痛苦之上"的自私行为是非常不道德的，也会让自己的形象在他人心目中大打折扣。所以，想要修炼成为魅力女

人的女性朋友，一定不要重蹈这种覆辙，而应该对这种不良习惯坚决说"不"。

7. 任何时候都不要说脏话、骂粗口

不论是女性还是男性，这种习惯都是非常恶劣的。特别是对于女性来说，开口闭口就是脏话，动不动就骂粗口，这种行为极其招人反感，会让他人觉得你是一个没有教养、素质低、不自重的女人，而你在他人眼中的形象也会在无形之中大打折扣。

日常生活中，每个人都会有或多或少的不良习惯，这些习惯一旦根深蒂固就会成为一种自然流露，当你不经意、无意识地做出这种不良习惯时，你可能根本没有想到它正在一点一点地毁坏着你的形象。为了避免这种不自知的行为发生在自己身上，想要修炼成为有魅力的优雅女人，就应该从根本上杜绝诸如此类的不良习惯。

在这一点上，法国著名女星苏菲·玛索为我们树立了良好的典范。

苏菲·玛索被法国男人誉为"法兰西玫瑰"、"法兰西之魅"、"永远的挚爱"、"像香奈儿5号的那缕香气，这位世界著名美女走了过来"……在一次活动中，英国《独立报》这样描绘苏菲·玛索的出场：苏菲·玛索浑身散发出一种魅力不可动摇的迷人气息。无论何时何地出现，优雅这两个字永远是与苏菲·玛索分不开的。举手投足，一颦一笑，即使是用餐她都是端坐桌前，一小片一小片地撕好手中的面包，再从容地放进嘴里。提及自己的美丽秘诀，"永远都不要忽视你自己，在任何一个细微的地方都不容懈怠。即使衰老，我也要优雅地老去。"这位法国最漂亮的性感女神笑着说道，并且做了一个从头部扫到脚趾的动作。

优雅无处不在，避免那些不必要的不雅小动作，动作请放缓一点，尽量优美一点，从容一点，你就能够让自己的魅力指数大增，塑造或重建自己在别人心目中的优雅形象，到那时，相信任何人都会忍不住多看你几眼。

请记住，优雅不是美丽的形式，而是美丽的内涵。

女人的微笑，半开的花朵

女人出门若忘了化妆，最好的补救方法便是亮出你的微笑。

——美国超级名模辛迪·克劳馥

微笑被称为世界上最美丽的表情，因此有人说，让这个世界灿烂的不是阳光，而是微笑。

不妨看看我们生活的周围，那些最受人们欢迎的，往往都是爱笑的女人。因为任何人都不会讨厌一个用甜美微笑迎接自己的人，这或许正是女性朋友们最宝贵的无形资产了。

在一个小镇上，有一个非常富有的人，这个富翁虽然有很多钱，但是他一点也不快乐。

有一天，这个富翁像往常一样垂头丧气地走在路上。这时，迎面走来一个小女孩，小女孩用天真无邪的眼神望着这个富翁，并且给了他一个非常甜美的微笑。这个富翁看到小女孩如此清澈的微笑和纯真的面孔，心中的阴霾立即烟消云散，豁然开朗起来。这个富翁心里想：为什么要不高兴呢？能像这个小女孩一样微笑该有多好啊！

一个简单善意的温婉笑容，却换来了他人的豁然开朗，这不能不让人惊叹微笑的魅力。

喜剧大师斯提德曾这样说过："微笑，它不花费什么成本，但却创造了许多的价值。微笑使接受它的人变得富裕，而又不使给予的人变得贫瘠。微笑在一刹那间产生，却给人留下永恒的记忆。"

故事中小女孩天真无邪的微笑点燃了富翁生活的热情。对于富翁来说，小女孩的微笑带给自己的精神财富是十分可贵的。

可见，微笑是无价之宝。在经济学家的眼里，微笑是一笔巨大的无形资产；在心理学家眼里，微笑是消除他人戒心、说服他人的心理武器；在从事服务业的人眼里，微笑是自己最美最好的"名片"。

海瑟薇原本是当地电视台一位小有名气的脱口秀主持人，因为电视台节目调整等多方面客观原因，40多岁的海瑟薇被迫告别电视界另谋出路。

在去应聘保险公司销售员时，海瑟薇心想，凭自己的名气一定没有什么问题。然而结果却出乎意料，人事部经理拒绝了海瑟薇，并对她说："作为一名保险公司的推销员，必须拥有迷人的微笑，这是最基本的工作素质，但是你没有。所以，很抱歉，我们无法录用你。"

遭到拒绝的海瑟薇并没有因此而气馁，而是下定决心像当年初涉电视界那样从头开始，苦练微笑。她无时无刻不在笑，一开始，家人和邻居还误以为她因失业而神经错乱了。为了避免误解，海瑟薇只好把自己关在厕所里练习。

经过一个月的练习，海瑟薇跑去找保险公司的人事经理，当场展开笑脸，可得到的却是冷冰冰的一句："很抱歉，还是不行！"

海瑟薇并未泄气，回家依旧埋头苦练，她搜集了许多公众人物的微笑照片，贴满整个房间，以便随时观摩。

过了一段时间，海瑟薇又跑去见人事经理，然而得到的答案和上次一样："好一点了，但还是不够吸引人。"

海瑟薇生来就是犟脾气，仍不服输，回到家继续苦练。

有一次，海瑟薇在路上碰到一个熟人，她非常自然地笑着和对方打招呼，对方惊讶地对她说道："海瑟薇女士，有一段时间没见您了，您变化真大，看起来和过去判若两人。"

听到这句话后，海瑟薇信心大增，她立刻又跑去见人事经理，笑得很开心。"您的微笑有点味道了，但还不是真正发自内心的那种笑。"经理指出。

海瑟薇还是不死心，又回家苦练了一段时间，最终如愿以偿，被保险公司聘用。

此后，海瑟薇凭借自己"迷人的、发自内心的、如婴儿般天真无邪的微笑"吸引了许多客户，成为当地销售寿险的顶尖高手，年收入突破百万美元。

从海瑟薇的亲身经历中，我们可以看出，不管是在生活中还是在工作中，微笑都是非常重要的，它能温暖他人的内心，拉近与他人之间的距离，赢得他人的信任。

有位智者就曾说过这样一句话："你的脸是为了呈现上帝赐给人类最贵重的礼物——微笑。一定要让它成为你生活中最大的资产。"海瑟薇便是这句话忠实的践行者，她之所以能够成功，就是因为练就了令客户无法抗拒的微笑。

海瑟薇的经历也说明，迷人的微笑并不都是天生就有的，也可以通过后天练习来获得。但是，务必记住，温婉的微笑一定要是发自内心的、真诚的，因为矫揉造作的笑不但不能带来美好，反而会破坏你原本的形象。

"你拥有了微笑，你就同样拥有了魅力。"这句话一点也不假，微笑是你在修炼魅力之路上的有力武器，也是你吸引他人的法宝。

当然，懂得微笑的女性，也要懂得微笑的分寸，如果微笑很僵硬或是很做作，也会让别人感到厌烦。懂得真正地微笑，懂得发自内心地微笑，才能使自己成为真正受欢迎的人。

走出一道美丽的风景

优雅是一种和谐，非常类似于美丽，只不过美丽是上天的恩赐，而优雅是艺术的产物。一个真正优雅的女人就算只是静坐不语，那种超然与随意已足以让众人的视线停驻。

——法国作家热纳维耶芙·安东丽·德阿里奥

女人的一举一动永远是人们注意的目标，走姿往往是最引人注目的身体语言。无论是在平日的工作中，还是在日常的生活中，女人走路的姿态，最能体现一个人的风度与活力，是别人对我们仪态评价的依据，更是优雅的要点。

试想，一个女人如果走路时弯腰驼背、低头无神、脚步拖沓、步履迟缓，甚至八字脚、"鸭子步"，或者肩部高低不平、双手来回摆动，你是不是觉得她无精打采、没有自信、缺乏风度，她的"优雅"也是虚浮的、毫无力量的呢？

回想一下，平时你是如何走路的？你的走姿够优雅吗？走路姿势可以彰显一个人的气质，要想凸显自身气质，成为众人的焦点，就要掌握正确的走姿，走出自己的气势来。一般来说，我们需要遵循以下要点：

1. 抬头挺胸带着自信走路

在《红楼梦》里，关于林黛玉的走姿有这样两句描述："娴静时似姣花照水，行动处如弱柳扶风。"古人看美女走路以柔弱娴静为美，因为这样的女子更能牵动男子的心，激起男人心中的保护欲。不过，现代社会的女人独立、自主、坚强，已不用像林妹妹那样，而要面朝前方，双眼平视，抬头挺胸，带着自信走路，不要惺惺作态、故作扭捏，这种姿态自有一种迷人的味道。

2. 步幅应小，步速要紧，步姿轻盈

以此走姿行走时，给人以文静、典雅、飘逸、玲珑之感，宛如"小夜曲"。尤其是穿长裙或旗袍时，你会发现身线被拉高，曲线更漂亮，女性的曲线特征明显起来，魅力也在瞬间被放大了。

为此，你可以穿上一双6厘米左右的高跟鞋，这时，你会感觉胸部挺起，腹部内缩，整条腿向后倾斜，腰明显塌下去，臀位明显提高翘起，小腿也变得饱满起来，脚背成漂亮的方形，脚好像小了许多，走路的步子自然也就变小了，一副楚楚动人的样子。

3. 使自己走在一定的韵律中

两眼前视，昂首挺胸，肩平不摇，干净利落地摆动两手，膝盖和脚腕都要富有弹性，具有鲜明节奏感，使自己走在一定的韵律中，犹如模特儿的走姿，这给人一种矫健轻快、从容不迫的动态美。

事实上，无论男女老少，人们都比较偏爱走路姿态轻盈快捷的人，而决定这种走姿的，就是走路时的韵律。走路时具有鲜明、协调的节奏感，能够使人感到我们像是一缕轻柔的春风，妙不可言。

4. 在假想中强化自我训练

有气势的走姿非一日之功，要靠平时自我养成。平常你可以训练自己，在地上画一条直线，你可以假想自己是名模特儿，直线是你的 T 型舞台，目不斜视，旁若无人，走在一条直线上，这样看起来就有气势多了。

5. 心态影响步调，时刻调整情绪

走姿虽然决定于人的秉性，但与人的心情也有密切关系，它如同舞场的旋律，是为情绪打拍子的。与其说是走路轻、重、缓、急、稳、沉、乱等，不如说是人的内心或稳定或失衡，或恬静或急躁，或安详或失措的状态。

所以，不必刻意去研究怎么样走路更有气势，那些只是外在的，那种由内至外散发出的逼人气势是根本学不出来的。一旦不注意，走路的姿势就会随着你内心的变化而发生相应的变化，进而打乱你优雅的磁场。

因此，走路时，最主要的是你要把自己的心态调整好，保持稳定的情绪，抱着积极乐观的态度，还要有充足的自信心，走得稳而且直，这样走起路来自然就会有气势，而这种气势往往也最真实、最能感染人。

总之，女人的走姿千姿百态，没有固定模式，或矫健轻盈，或庄重优雅，或精神抖擞，但只要能够增添女性健康、贤淑、温柔、高雅之魅力，揭示自身的风貌，表现自己的个性，那就走出了自己的气势，这种走姿就是美的。

少把语气词挂在嘴边

既然简洁是智慧的灵魂，冗长是肤浅的藻饰，还是把话说得简单些吧！

——英格兰剧作家本·琼森

在与人打交道的过程中，有些女性会因为个人习惯等方面的原因，常把一些语气词挂在嘴边。有时候，适当用点语气词可能会为我们的交流增添亲切、温婉的气氛，但如果语气词成了口头禅，每一句话都恨不得有的话，那么就会让听者大伤脑筋了。

大学毕业后，程程顺利进入了一家广告制作公司。要说工作能力，她自是没话说，这不，到公司还没一个月，她就制作出了一个广告策划方案，而且获得了领导和同事们的一致好评，并被要求上台谈谈工作感受。

"嗯，大家好，大家好啊"，程程站在台上，微笑着说道："我呢，作为一名新人啊，很高兴能得到大家的肯定。我知道啊，我还有好多东西需要学习呢，是吧？以后啊，还希望大家多多指教啊！我的工作感受嘛，是这样啊……"

才听了这短短几句话，领导的眉头就皱了起来，同事们也开始窃窃私语："哎呀，别看程程工作能力那么强，但她的表达能力实在不敢恭维。""是啊，'啊'、'呢'个不停，听她说话真是累人，真没劲……"

有句话说，"时间就是生命，无端地消耗别人的时间，无异于谋财害命"。虽然这种说法有点夸张，但程程"啊"、"呢"个不停，她的形象势必会被她那么多的语气词所影响。如此一来，她又如何能吸引别人、感染别人呢？

作为人际交流的最基本形式，语言是传递魅力的最有力的武器之一。如何用语言彰显自己的美，特别是影响到周围的人呢？最简单也最有效的方式便是少把语气词挂在嘴边，说话言简意赅。

语气词是表示语气的虚词，常用在句尾或句中停顿处表示种种语气。

询问语气："吗"、"呢"等。如，"你到过北京吗?""你要用呢，就提前说一声。"

陈述语气："的"、"了"等。如，"你们不会忘记我们的。""我已经同意你的请求了。"

祈使或感叹语气："啊"、"吧"、"呀"。如，"这孩子多聪明啊!""你们回去吧。"

语气词虽然有加强语气的作用，但是最会说话的人很少把语气词挂在嘴边，而是讲究语言表达的简单明了、言简意赅、简洁有力。古人云，"立片言以居要"，说的就是这个道理。

在面试会上，简洁明了说话的人最受欢迎。一般来说，面试官给应聘者"自我介绍"的时间不超过两分钟，一位面试官就曾不客气地说："太多的语气词会让表述繁杂，这样的人显得很不自信，肯定不是用人单位想要的员工。而用简短的语言介绍自己，铿锵有力，往往会给人留下非常深刻的印象。"

的确，少把语气词挂在嘴边，说话简洁有力，斩钉截铁，体内的气场喷薄而出，会隐隐透出一股令人无法忽视的王者气势，有很强的威慑力，很能压得住阵脚，能够把座下或台下的人等都罩住，让他们为之一震。

因此，如果你不想因语言而让你的美女形象大打折扣，那就一定要少把语气词挂在嘴边，说话简洁一点，不拖泥带水，如此你的魅力就显得有力多了，对别人的影响力也会变大。

做个风情万种的"万人迷"

秘密是武器，也是朋友。人是上帝的秘密，力量是男人的秘密，性感是女人的秘密。

——爱尔兰作家詹·斯蒂芬斯

女性的美貌和优美的体态固然令男人倾倒，但是性感却是撩动情欲的感觉，是一种魅力。性感的女人走在人群中，她会很自信，因为她知道自己身上散发出来的都是迷人的气质。

每个女人都需要美，也最爱美，特别渴望寻求一种带有超凡魅力的女性美，来展示自己最好的一面。而性感，正是造物主赋予女人的最佳韵律，与男人的阳刚之气形成鲜明的对比，构成一道靓丽的风景。男人对于性感的喜好，更多是源于对这种气质的偏爱，因为它就像嗅花之前的叹息，又似沐浴之中的迷雾，还像是转身之后的袖风，抑或眼神之外的一瞥……男人怎能不疯狂、不惊叹、不汹涌澎湃、不心潮起伏呢？那么，女人到底怎样才算是性感呢？

不少女人认为，性感就是要有魔鬼般的傲人身材。不可否认，姣好的身材是女人展现性感的主要方式，但并不是全部，更不是身上穿的衣服越少就越好。性感应该是一个人做肢体和情绪的表达时所散发出来的魅力，任何一个女人都可以把自己变得很性感，张扬自己的个性魅力。

关于性感，中国首席名模姜培琳曾说过这样一句话："性感不是外观化、表面化的东西，更不是夏天暴露一点就性感了。在我看来，性感往往是通过一些不经意的动作或表情透露出来的，性感的女人应该是优雅的、随意的和干净的。"

美娜既没有高挑迷人的模特身高，也没有让男人们一见倾心的容貌，走在人群中很不显眼。有一次，她去朋友开的健身房做代课老师，学员们刚见到她的时候都有些失望，特别是一些男学员，说她怎么看都不像是健身教练。

但是，半个小时后，这些男学员们大都改变了先前的看法，一个个紧盯着美娜看。

一个男学员低声嘀咕道："没看出来，这个老师运动起来挺性感的。"

"没错"，另一个男学员也凑了过来，"你们看她的紧身背心浸着汗贴在身上，扭动的腰肢被汗水浸出一条凹凸有致的线条，凌乱的头发随意地落在脖间，脖子后边的汗珠顺着她拉伸的背部线条滑落，我觉得她全身都散发着光芒。"

其他的女学员听到男学员对美娜的评价，非但没有忌妒和不屑地表示反对，反而纷纷表示赞同，认为这个健身代课老师那充满激情的肢体语言，还有她专注而陶醉的神情，非常有女人味，十分性感，让人着迷。

美娜并没有刻意地搔首弄姿，而是用自己充满魅力的肢体语言展示给学员们她最性感的一面和迷人的气质。由此可见，性感不是拥有魔鬼身材女人的专属魅力，性感也不表现在服饰的藏与露上。

事实上，一个女人的身材、外貌、衣着、声音、气质、举止、性情、文化、修养、品位等都是构成性感的条件，而最高层次的性感，就是在此基础上从女人骨子里随意散发出来的那种无与伦比的魅力。

所以说，性感是完全可以靠后天修炼得来的。现在，就告诉你修炼性感的几个要领。

眼神：有神有韵，带一点点女人的矜持，既不狂野，也不让人感到妖冶。读得出明媚却不滞涩，适度缠绵又不会使人腻烦，这样的眼波便是性感的发源地。

举止：在各式身体语言中，不经意的自我碰触是一些展露性感的小动作。如不经意地咬手指、托腮、把头发潇洒地向后拨、双手轻轻地捧着脸庞、无奈时耸耸肩膀、交叉双手轻抚着肩头或后颈等都是些性感的小动作。

服饰：材质不在高贵，而是在和谐中透出精致、体面和高雅。即使远离时尚前沿，但也决不与世俗为伍，不一味地浓妆艳抹，不一味地暴露身体，而是在与众不同的别具一格中追求品位、格调、含蓄和韵味。

修养：性感需要修炼学识、修炼人格、修炼品位、真正地理解性感的本质，不轻浮造作、不庸俗妖媚，张扬得有板有眼，敛放得当，自然地把女人生命中美好的娇艳释放出来，这才是属于女人真正的性感。

第四章

自信，风卷云舒的气质之美

以 一 种 自 信 的 力 量 前 行

自信的女人不自卑，不消极，不气馁，柔和中有一分刚强，能够积极面对生活的不幸和挫折，即使身临困境，心中依然有光明和希望。一个女人自信的时候，会自然地散发出一种与众不同的魅力。这样的女人无论是贫穷还是富有，无论是貌若天仙，还是相貌平平，一定有超凡脱俗的气质，便会从众人中脱颖而出。

无惧无畏，激发自己的美感

如果你不够勇敢，那么你能做得最勇敢的事，就是声称自己是勇敢的，继而采取相应的行动。

——佚名

我们先来看这样一个实验：

实验人员将一只最凶猛的鲨鱼和一群热带鱼放在同一个池子里，然后用强化玻璃隔开。实验人员每天都放一些鲫鱼在池子里，鲨鱼并不缺少猎物，但是它总想尝试对面池子里的美味，每天都会不断地冲撞那块玻璃。然而这只是徒劳，它每次都是用尽全力，但每次也总是弄得伤痕累累，始终不能游到对面去。

后来，鲨鱼不再冲撞那块玻璃了，对那些斑斓的热带鱼也不再在意，好像它们只是墙上会动的壁画。鲨鱼开始等着每天固定会出现的鲫鱼，然后用它敏捷的本能进行狩猎，好像回到海中施展它不可一世的凶狠霸气。

实验到了最后的阶段，实验人员将玻璃取走，但鲨鱼却没有反应，每天仍是在固定的区域游着，它不但对那些热带鱼视若无睹，甚至当那些鲫鱼逃到另一侧去时，它都会立刻放弃追逐，害怕再次被撞。

在这个实验中，鲨鱼经过几次尝试后，知道玻璃会将自己弄得伤痕累累，于是心生胆怯，生活在了恐惧的阴影下。即使玻璃后来被实验者拿开了，它都不敢再去做哪怕是一点点的尝试，无疑，此时的它已霸气全无，毫无生趣。

在现实生活中也不乏这样一些如鲨鱼一样的女人，她们无比渴望成为令人瞩目的魅力女人，但是却怯于现实和理想之间的差距，不敢去尝试，做事畏首畏尾。结果呢？就算她们的容貌再美丽，身材再苗条，内心再丰富，也难于将蕴藏着的潜能引爆，她们往往难以获得成功、收获幸福。

可以说，怯懦是美女的天敌，若是真的养成了这样的习惯，整个人的气场总是衰弱的、收缩的、不健康的，没有任何生机和活力，注定无法散发出吸引人的磁场，甚至会招人反感。就连哲学家苏格拉底也说："人失去了勇敢，就失去了一切。"

换句话说，你要想成为令人瞩目的魅力女性，首先要战胜内心的胆怯，做到无惧无畏，内心单纯，心无杂念，勇敢地去为自己的未来付出行动，从而才能找到改变命运的出口，拥有卓越的成功。

人生不可能一帆风顺，与其畏畏缩缩地过一生，不如学着勇敢一点。勇敢一点，你就能比你想象的做得更好。因为在这个过程中，你会不断地向命运提出挑战，也就能不断地挖掘自身潜在的能力，激发自己的美感，受益终身。

下面，我们来分享一个故事：

有这样一个美国女孩，她在很小的时候就梦想成为一名世界级的滑雪运动员，她从 5 岁就开始学习滑雪。但是，命运却跟她开了一个大玩笑，在她 12 岁时，医生宣告她得了骨癌，为了保住生命，她被迫锯掉了右腿。

天啊！锯掉右腿？对于一个风华正茂的女孩子说，这是多么惨痛的事情啊，更何况她是那么地热爱着滑雪。开始的时候，女孩子害怕极了，她将自己关在屋子里，哭哭啼啼，心里布满了害怕、绝望、迷茫……

后来，父母带女孩认识了一位越战老兵，这老兵也只有一条腿，但滑雪技巧极佳。在那儿，女孩重拾往日的信心，她变得勇敢起来，踏上单脚滑雪的学习生涯。单脚滑雪并不是件容易的事，必须得有很好的平衡感。为了掌握好平衡，女孩经常摔倒，但是她还是一次又一次地爬了起来！她在心里暗暗发誓：我要不断挑战自己，战胜恐惧，绝不被骨癌打败。

最终，她以顽强的斗志和无比的勇气，战胜了无数常人想象不到的痛苦，并创下了多项世界纪录，包括夺取 1988 年冬奥会的滑雪冠军，并在美国滑雪锦标赛中赢得了 29 枚金牌。她就是美国运动史上极具传奇色彩的著名滑雪运动员——戴安娜·高登。

可是，厄运之神却仍不断盯着戴安娜！在她 30 岁那年，她又罹患了乳腺癌，两个乳房被切除。手术苏醒后，黛安娜不断哭泣，"我已经失去了一条腿，老天为什么又要拿走我的双乳？"很长一段时间里，她都没有勇气在澡堂、游泳馆等公共场合脱下自己的衣服。

直到有一天，黛安娜勇敢地站在了镜子前面，她久久地注视着自己断了腿、缺双乳的身躯，最终说出了这么一句话："我大腿上、胸脯上的伤痕都是很了不起的！这都是我生命的痕迹！它们告诉我：我没有在生命中怯懦过、退缩过！"从那时起，当黛安娜再去游泳池时，就很坦然地在女生浴室里裸体淋浴了！

不久后，在做年度身体检查时，医生无奈地告诉黛安娜："你的癌症已经控制住了，但你的子宫里有一个很大的肿瘤，很可能转化成恶性，所以，我们只好拿掉你的子宫。"

"什么？拿掉我的子宫？剥夺我生小孩的权利？"这个诊断就像晴天霹雳一样朝戴安娜压过来，她不断哭泣着，甚至想过了自杀！不过，当平静下来时，她又想到那振奋自己的话——"疤痕"是生命的痕迹，它们告诉我：我没有在生命中怯懦过、退缩过！于是，她再一次坦然面对生命，勇敢地站了起来！她一直激励自己："我要为自己的生命负责，绝不放弃！"

后来，黛安娜成为一名励志演讲家，她将自己勇敢抗争命运的故事分享给了众多的人，"嘿，那只不过是一对乳房而已，它本来也并不怎么大嘛！"她的追随者越来越多，前总统布什更是颁奖表扬了她那"坚毅卓越的精神"。

尽管厄运之神不断盯着黛安娜，与她开各种几乎致命的玩笑，但是黛安娜告诉自己，不要在生命中怯懦、退缩，而是勇敢地挑战那些艰难险阻。毫无疑问，是她的坚韧与顽强，让她具备了势不可当的征服力，最终改变了自己的命运。

美女们，见识过这些依靠勇敢改变人生命运的女人后，你再遇到困难险阻的时候，还会再怯懦逃避吗？给自己一点信心和鼓励，勇敢地面对一切困难吧！别害怕，任何人都可以做到，只要你想做到！做到了这一点，你浑身都会散发出一股活力、坚强的美感，想不吸引别人的瞩目都难呢！

羞答答的玫瑰并不美

脸红使人魅力倍增，但毕竟还是有点难堪。

——意大利剧作家哥尔多尼

"羞答答的玫瑰静悄悄地开……"优美的歌声诉说着情窦初开的女孩子在恋人面前的娇羞模样。但是，在我们的日常生活中，一个真正的美女却不需要"羞答答"，而是大大方方才更招人喜欢。

在平时，我们常常会看到这样的现象：有的女性因为怕在路上碰到熟人而故意躲避，有的人在大庭广众下讲话就脸红心跳。这些都属于心理学上的怕羞心理。

羞涩的原因主要是你给了自己太多的心理负担，你可能常常会因为在众人面前说话而脸红、紧张，所以你就开始逃避这种场合。结果，原本就害羞的你变得越来越羞涩。

在人际交往中，羞怯心理会对女性打开交际圈、赢得别人的注目和欣赏设置障碍。这就好比商品的广告，如果你总认为酒香不怕巷子深，那就错了。再者说，谁也不希望自己一辈子都躲在一个角落里，被人遗忘。

正如一位心理学家的总结：她们过度在意"自我形象"，唯恐言行有误，被别人耻笑，导致心理负担过重，作茧自缚，举步维艰，整日陷入紧张羞怯之中。最终，自己打败自己，影响工作和生活的质量。

因此，身处社会中的美女们一定要学会大大方方地与他人交流，如果不能很好地和别人交流，那么在生活和工作中，你都会遇到障碍，这种障碍不是别人能帮你搬走的，只有你自己才能搬走这个障碍。

同理，一枝静悄悄开放的羞答答的玫瑰，即使再美也不会有人理睬，这时候只能孤芳自赏，对影自怜，岂不悲哉！

馨馨是个娇羞的女孩，在办公室里经常是一天也说不了半句话。她只会默默地做完自己的事，然后下班回家。中午吃饭的时候，她也总是独来独往，从不和大家走在一起。公司有什么活动，她也总是找理由逃脱。除非是必须得参加的活动，否则她不会露面；即使去了，她也只是默默地坐在角落里，不想引起别人的注意。

因为她这种性情，同事们都认为她不合群，也有的同事觉得她太高傲。这让馨馨一个好朋友也没有，即使刚开始对她很是关心的几个同事，也因为她的疏离而慢慢疏远了她。

其实，馨馨的内心很苦恼，她也想摆脱这种状况，可就是改变不了。

像馨馨这样的女性虽不是特别多，但害羞的特质在不少女性身上还是存在着的。因为害羞，她们得不到朋友；因为害羞，她们的才华缺少了施展的空间；因为害羞，她们前进的旅途总是磕磕绊绊，障碍重重……可见，无论在生活中还是在职场里，羞涩可不是个好的个性，就算你没有惊艳的容貌，但你可以有自己的气质，你可以展示出自己最自然的那一面。太羞涩不仅不能展示你最美的一面，即便你有能力，别人也不会注意到你。

那么，像故事中馨馨这样的羞涩女孩，怎么来摆脱自己的这一性格呢？在此，我们为美女们提供几种方法，希望能够帮助大家。

1. 你首先要接受自己害羞的性格，而不要逃避，更不要怨天尤人

逃避和抱怨都不能帮你解决根本问题，就算你逃避，就算你抱怨父母的教育，你的害羞还是会存在。

正确的做法是，我们先承认自己的性格内向，不要排斥，应该坦然接受。

为此，我们不妨多看看内向性格的好处：内向的人更容易去学习，更能懂得思考。而外向的人容易在行动中学习和成长，这一点是内向的人需要学习的。

当我们看到自己性格的优势和其他性格的优势，那么尽量向别人学习自己所欠缺的，并把自己的感受和体会讲给周围的朋友听。就这样从朋友圈开始，再慢慢扩大到陌生人，逐渐地，你就可以摆脱羞涩的性格了。

2. 为自己制订一个计划，设立目标并一步一步地去执行

现代社会，人与人之间的交往渠道和交往空间都很宽泛，我们可以通过网络结交朋友，也可以通过工作圈、同学圈等交际圈结交朋友。羞涩的女孩不妨为自己设定一个交往的目标，比如，在一两个月或者半年的时间里，自己要和哪几个熟悉的朋友联络一下感情；在公司会议或者其他活动中尽量争取发言的机会，哪怕只说一句话，对你来说也是巨大的进步了。这样的机会可不要放过哦。

3. 用最真诚的心对待别人

我们说，交朋友离不开真诚相待。要想交到朋友，我们就要将心比心，你只有拿出自己最真诚的一面，对方才会被你感染，同样也对你以诚相待，

这样就建立了相互的信任，你就交到了一个真正的朋友。

4. 拿出你最擅长的才能去打动别人

其实，大部分女孩身上都有一些特殊的才艺，比如书法、绘画、跳舞等，而那些性格内向的女孩往往在这方面更是有过人之处。如果你不想用语言很好地表达自己，那么你可以把你的才艺展示给大家。另外，你还可以把自己手工制作的一些小礼物送给想要交往的朋友。这样，通过无声的东西传达了无形的情感，也不失为一种交往的好方法哦。

5. 让自己变得开朗起来

其实，羞怯性格的根本原因还是个人的性格和心态问题。我们很少见到一个开朗乐观的女孩羞答答地怕见人。因此，我们不妨从改变自己的性格和心态上着手，比如遇到问题不要退缩，不要想做不到会怎样，而应告诉自己"我能行"；同时，还可以每天对着镜子练习微笑，以此来提高你的自信心。

如果按照上述方法逐步实践后，那么经过一段时间，你就会发现自己开始喜欢参加社交活动了，而且有越来越多的朋友开始围绕在自己周围，这时候，自己的交际圈自然就扩大了，羞涩也不复存在了。

遇到了麻烦？积极的自我暗示

我觉得，女人成功的秘诀就是不要给自己设限。

——美国网球运动员玛蒂娜·纳芙拉蒂诺娃

积极的自我暗示能够不断对自己进行正面心理强化，避免对自己进行负面强化。一旦自己有所进步 (不论多小)，就对自己说"我能行"、"我很棒"、"我能做得更好"等，这将会不断提升自己的信心。

"自我暗示之父"爱米尔·库埃通过多年的研究，总结出了一句广为传诵的自我暗示名言："每一天，我们都以每种方式，让自己过得越来越好。"正是靠着这句充满魔力的自我暗示之语，他帮助无数人在身心方面得到了很大改善。

相反，如果一个女人不懂得运用积极暗示，整天总是消极地面对工作和生活，那么她得到的结果或许正如她自己认为的那样糟糕。

"哦，天哪，如果没有人帮我一把，我该怎么应付这个项目呢？"

"对不起，经理，我可能无法胜任，您可以安排海伦，她是这方面的行家里手。"

……

日本女孩川岛芳子在位于澳大利亚首都堪培拉的一家跨国公司已经工作了四年有余,上面的话是她经常挂在嘴边的口头禅。她好像天生无法一个人做点什么事,除了吃饭和睡觉。

谈起这位漂亮的女孩,人力培训总监、美国先生汤姆一脸苦恼:"老实说,川岛芳子对待工作很认真,对待同事很热情,但是她总是惧怕工作上的困难,总是担心做不好而逃避,即便是客户投诉这种小事。尽管公司曾对她寄予很大希望,但如今她在公司的前途已经岌岌可危了。"

正如汤姆所说的那样,面对工作上各种麻烦的事务,川岛芳子总是第一时间对自己进行消极暗示,认为自己没有能力解决,出于惧怕就产生了逃避反应,如此一来,她在工作业绩上也就矮了别人半截,抵抗力和竞争力大打折扣,反而导致林林总总的过错和失误。

不可否认,当一项棘手的事情摆在眼前时,我们尽管内心相信自己能够做好,却仍旧少不了担忧和害怕。但是,千万不要逃避,越逃避越惧怕,越惧怕就越逃避,这是一个自我捆绑的恶性循环,你的美将会荡然无存,没人会指望你再做什么,你也休想在职场上大显身手!

明白了这个道理,在麻烦面前,你还会做逃走的"逃兵"吗?

在前面的章节中我们已经提到过,每个人身上都有一个磁场,只不过有些人还让它长期处于休眠的状态罢了。如何唤醒呢?对自己进行积极的自我暗示,如此所焕发出来的就是一股强烈而充满斗志的力量。

因此,你若想成为职场上的魅力女王,那么在遇到麻烦的时候,请进行积极的自我暗示。时刻给自己营造一个积极的心理状态吧！它会极大地强化你的自我信念，激发出你内在的英雄本色，助你将麻烦的问题解决掉。

刚入这家音像公司时，马慧的职位很低，只是一名普通的技术专员，但现在的她已经是公司经理助理了，是老板不可或缺的左右手。马慧之所以能够升到这个好职位，是因为她遇到麻烦时从不逃避，而是在积极的自我暗示下将工作做到更好。

一次，公司从德国进口了一批先进的采编设备，比公司现用的老式采编设备要高好几个档次。老板把所有技术专员都召集到一起，希望有人能够事先试用一番。说明书全部都是德文，众人又对德语一窍不通，难度之大可想而知。为了避免这样的麻烦，其他技术专员纷纷推诿，唯有马慧站了出来。短短一个月下来，马慧已经熟练掌握了新采编设备的使用方法，令其他人惊叹不已。接着，在她的指导下，同事们也都很快学会了。

老板惊喜地问："你是如何做到的？"

马慧回答道："其实刚接手这项工作时，我心里也有点发虚，毕竟我对德文也一窍不通。但是我知道不能逃避，我告诉自己'不会又怎样，可以学嘛，我又不笨'，在这种激励下，我通过请教大学老师，在网上查阅资料等方法将说明书翻译成了中文，在摸索新设备的过程中，遇到不明白的地方时，我就通过电子邮件向德国厂家的技术专家请教，事实证明我真的不笨，我能行。"

我们在工作中就是如此，在面对麻烦的时候，若你潜意识里认为自己处理不好，大脑的意识就停留在那些不好的方面，你就只能处处被麻烦困扰；

当你认定自己是个天生无可争辩的成功者，任何的麻烦都不能困住你，那么你就一定是最具魅力的人，而你的工作势必能做得完美，人生也注定与众不同，精彩异常！

明白了这些道理后，在遇到麻烦时，记得把你说话的语气从否定转变为肯定，不要再使用否定性词汇"麻烦"，而使用"情况"这个中立的词汇。"我目前面临一个令人瞩目的情况"远比"我目前遇到了麻烦"更好。

同时，不要问一些让头脑不想打转的问题，给自己一些积极的自我暗示吧！如不要问诸如"这件事情怎么这么麻烦？""我怎么能够应付这种麻烦事"之类的问题，而是要说："这问题真棒！""问题来了，机会也就来了"等。

最后，让我们一起满怀激情地朗读下面一段誓词：

我微笑、乐观、自信、坚强；

我轻松、积极、不卑、不亢；

我健康、豁达、心胸宽广；

我将百折不挠，去实现理想；

我要不断超越，走向辉煌！

接受"不完美"的自己

一个不欣赏自己的人，是难以快乐的。

——三毛

很多女人因为长得不是那么漂亮，就常暗自在心里埋怨父母。其实上天给我们每一个人的待遇，都是平等的。作家毕淑敏曾说过："我不美丽，但我拥有自信。"可见一个女人可以不美丽，但最重要的是相信自己、接受自己。

奥黛丽·赫本的身材并不完美，她平胸，清瘦，手足细长，但是，她散发出来的气质却让人觉得她就是一个完美的女人。这是因为，奥黛丽本人对于自己的外表并没有太多苛刻，她常说："每个人都有缺点和优点，将优点发扬光大，其余的就不必理会。"她的观点值得每个爱美的女士借鉴，她的魅力已经将她塑造成美女的典范。

相信，看到对赫本的这一番介绍，你已经恍然大悟了！原来，真的没必要因为自己比别人矮而自卑；也没有必要为自己缺乏健美的身材而气愤不已；

更不必因为自己某方面的缺憾而自怨自怜。"金无足赤，人无完人"，每个人都是不尽完美的，有缺点没什么可怕的，可怕的是我们表现出一副灰心丧气的样子来，自暴自弃、悲观厌世，自信和热情被有意无意地压制，如此内心的力量也就很难被激发出来。

要想将自己打造成超级美女，你就要学会包容自己的缺点，给不完美的自己一点赞赏。只有自己在内心肯定自己，心平气和地接受自己，有所作为的心灵行动才会真正开始，有价值的人生内容也就由此而生了。

有位电车服务员的女儿，一直渴望成为一个明星。可惜，在外人看来，她并不具备成为明星的条件，她长了一张不美的大嘴，还有一口龅牙。第一次在夜总会里演唱时，她千方百计地想用她的上唇遮掩自己的牙齿，期望观众不要去注意她的龅牙而是专心听她的歌唱。结果适得其反，台下的观众看她那滑稽的样子，不禁大笑起来，女孩只好红着脸走下了台。

下台后，一位观众很率直地对她说："我很欣赏你的歌唱才华，也知道你刚刚在台上想要掩饰什么，你害怕别人注意到你的龅牙对吗？"女孩听后，一脸尴尬。这时，观众又接着说道："龅牙怎么了？别再为此自卑了，尽情地展现你的才华吧。也许，你的牙齿还能够给你带来好运呢！"

听了这位观众的忠告，女孩打算此后不再掩饰自己的龅牙。每当她在唱歌的时候，她就尽情地把嘴巴张开，把所有的精力都置于歌声中。最后，她成为一位在电影及广播界享有盛名的双栖红星。

这位女歌手之所以能够广受欢迎、享有盛名，是龅牙带来的好运吗？谁都知道这是玩笑话。但我们必须承认，当她不再自卑、不再在意龅牙的存在，学着包容自己的龅牙，尽情地投入到演唱中时，她的个人魅力得到了提升，更多的人被感染了。

的确，世界上没有完美的个人，就像我们永远也找不到一片完美的树叶一样，但是谁能说不完美就不是美女、就没吸引力？世界名作维纳斯的雕像之所以美不正是因为缺少了双臂，才产生了震撼心灵的效果，迎来更多游客的青睐吗？

欧洲曾在瑞士的洛桑举办了一次"最完美的女性"研讨会。与会者通过一致地逐一鉴别后公布的结果是：最完美的女性应该是，有意大利人的头发，埃及人的眼睛，希腊人的鼻子，美国人的牙齿，泰国人的颈项，澳大利亚人的胸脯，瑞士人的手，斯堪的纳维亚人的大腿，中国人的脚，奥地利人的声音，日本人的笑容，英国人的皮肤，法国人的曲线，西班牙人的步态……所有这些还是不够的。完美的女性还应有德国女人的管家本领，美国女人的时髦装束，法国女人精湛的厨艺，中国女人醉心的温柔……然而，即使上帝重新造人，也不可能集这些优点于一人身上的，因此，与会者达成的共同结论是：真正完美的女人是根本不存在的。

既然如此，我们何必要纠结于自己这样那样的不足和缺陷呢?！适当允许一些不足的存在，给不完美的自己一点赞赏吧！相信这种发自内心的肯定性力量，会让你变得自信起来，生活也会变得更加美好。

现实生活中，如果我们对自身感到不满，那就请积极主动地去改变令自己不满的现状。如果有些问题，因为客观原因而无法改变，那就请学着从内心悦纳自己。

看看那些魅力女神吧，虽然她们自身也并不完美，但她们都能够接受"不完美"的自己，并以积极的态度，认真地审视自己的不足，勇敢地战胜它，所以她们的人生比别人辉煌得多。

相信很多人还记得，在一部好莱坞制作大片试镜的时候，一心想进军好莱坞的一位演员为了证明自己会英文，当场讲了一句："What do you think my English?"全场记者没有人听得懂她在讲什么，场面非常尴尬。

不过，好胜心强的这位演员没有因为自己的英文不好而放弃进军好莱坞的梦想。她认识到了自己的这一缺陷，特意请了一位资深的英语老师，帮助自己狠补英文，她每天坚持用英文交流两个小时，在拍戏期间中她也会随时随地抽出一定时间来学英语。

在不久之后的一次活动中，这位女演员以流利的英文"以一敌五"，侃侃而谈，谈笑风生，表现得落落大方，令众多观众直呼过瘾。

提及自己英文的进步，这位演员坦言："我承认一开始自己的英文很烂，甚至连和别人用英文打招呼的勇气都没有，后来，我坚持不会说的就多说几遍，听不懂时就多问问别人，我最直接的感受就是说一次、听一次就有获得，一天比一天多。"

看到了吧，有缺点并不可怕，不能够改变缺点才可怕。缺点不是根深蒂固的，只要你积极地去战胜并克服它，你就能改变自己的命运。因为当你能够改正缺点的时候，你也就打败了自己最大的敌人，你的魅力就比过去提升了一大截，你还有什么不能做到的呢？

从现在开始，好好审视一下自己，找找自己有哪些不足。给不完美的自己一点赞赏，正视并承认自己的不足，并尝试着改正自己的不足……相信不久以后，你将变得越来越接近完美，将一个崭新的自己呈现在众人面前。

没有不快乐的事，只有不肯快乐的心

人生所有的欢乐是创造的欢乐：爱情、天才、行动——全靠创造这一团烈火迸射出来的。

——法国思想家罗曼·罗兰

如果有一袋苹果，就做一些苹果馅饼；如果有一颗柠檬，那就做一杯柠檬汁，世界上没有不快乐的生活，只有不肯快乐的心。

曾经，有个女人因为自己的鼻子有些缺陷，一直都很自卑，对于她喜欢的异性，一直都不敢表达真情。有一天，她决定去做整容手术。手术很成功，她一扫过去灰暗的形象，变得开朗了许多，每天都把自己打扮得漂漂亮亮，还经常受到男士们的邀约。终于有一天，她遇到了自己理想的对象，并与之结了婚。

婚后，她告诉先生自己曾经做过整容手术，可她没想到，自己的丈夫根本就没有把她的鼻子当过一回事。于是，她追问丈夫："以前我们也认识，但你对我不理不睬的，为什么在我动过手术之后，你又决定和我交往呢？"

丈夫告诉她："以前你总是眉头紧锁，谁敢和你接触呀？后来你突然变得开朗了，也让人感到容易亲近了，所以我才有机会和你深交啊！"

女人一直以为自己没有找到男朋友是因为鼻子上的缺陷，可事实告诉她，别人根本就没有注意到她鼻子的缺陷。是的，世界上没有一个人像自己那样，如此在意自己的缺陷。她的不快乐与不幸福，并不是鼻子的不漂亮带来的，而是她的心不快乐。有些女人，即便拥有了事业、地位、亲情、爱情、美丽，她也不快乐，这是因为她心中装了太多的东西，而她又不愿舍弃，让快乐的领域被太多无谓的事物占据。很多时候，跟女人过不去的，不是别人，正是她自己。

娟伊硕士毕业，漂亮又好学，毕业后辗转进入一家知名房地产公司做售楼小姐。当时，人们买房的热情高涨，不到半年时间，娟伊就成了有房一族，而这时候与她一起毕业的同学们仍然在职场上摸爬滚打。在别人眼中，娟伊是幸运的，抓住了好的机会，能力也不错，她理应过得非常快乐，可事实并非如此。

她所在的公司，新楼盘马上就要卖完，而且目前没有再建的打算，娟伊不知道自己该何去何从；房子有了，可不能没有车；户头上有100万，但距离1000万又是那么地遥远。她经常在朋友面前唠叨："我的压力好大，我该怎么办呀？"朋友的生活远不如她，所以在她眼里，娟伊就是无病呻吟。

娟伊每天烦恼的事情太多了，不是股票跌了，就是贷款利息上调了，要么就是家里人催促她结婚……她好像真的有那么多烦心事一样，可事实上呢？除了快乐，她什么也不缺。

我们无法用过多的语言评述娟伊这样的女人，毕竟生活中多数女人的生活境遇并不如她，甚至和她有着天壤之别。她们每天辛勤地工作，没有自己的房子，也没有那么多的存款，但她们也没有娟伊那么多的欲望，她们懂得知足，懂得放下无谓的追求。或许，她们不富有，但她们活得快乐，活得精彩，这种财富不是外在的，而是心灵作用的结果。

其实，只有怀有乐观的心态，才能在任何情况下作出迅速的反应，找出解决的办法，确定新的生活方案。乐观的人不会对事业表现出失望、绝望，正如一本书中所说："悲观的心态泯灭希望，乐观者则能激发希望。"

没有不快乐的生活，只有不肯快乐的心。活在这个充满变化的世界里，女人要学会用阳光般的心态面对生活。遇到困难的时候，相信"方法总比困难多"；面对不顺的事情，多反思自己的做事方法和做人原则，少一些悲观和绝望；遇到变故的时候，化悲痛为力量，感受自然规律不可为，顺其自然则是福的真谛；失去某样东西的时候，坦然地接受，珍惜手里还拥有的；努力追求而又得不到的时候，减少一点内心的欲望，你会发现生活其实已经赋予了你太多。

相信每朵花都有盛开的理由

谁拥有了自信，谁就成功了一半。

——德国物理学家阿尔伯特·爱因斯坦

印度著名诗人泰戈尔曾在自己的诗篇中写过这样一句话："你知道，你爱惜，花儿努力地开。你不识，你厌恶，花儿努力地开。"是的，就像雄鹰注定要在高空翱翔，鱼儿在水里畅游，骏马在旷野驰骋一样，花儿生来就是为了绚丽绽放，这是它们的使命。虽然艰辛短暂，虽然最终会凋谢，但相较于盛开时的美丽绚烂来说，这些便不值一提了。

试想，如果花儿因惧怕光明之前的艰辛孤独以及绚烂之后的枯竭凋零而拒绝或者停止盛开，这个世界将失去多少醉人的风景？

我们的生命来到这个世界，就如同花一样，注定要经历人生的酸甜苦辣，在面对困难、挫折、打击的时候，你是像花儿一样，积极乐观地继续勇敢绽放，还是缩起身体，如花苞一样停滞不前呢？

海伦·凯勒是世界著名的盲聋女作家、教育家。她在一岁半的时候因患猩红热而失去了听力和视力，同时也丧失了说话的能力。

身处黑暗孤单的无声世界，海伦·凯勒并没有悲观失意、自暴自弃，而是用积极乐观的心态面对现实。在老师安妮·莎莉文的帮助指导下，海伦·凯勒用乐观的精神和顽强的意志克服了身心的痛苦和煎熬而取得了成功。

她热爱着这个世界的一切和自己的生活，并怀着极大的热情学习尽可能多的知识，在自己的努力和导师的帮助下，她竟奇迹般地学会了读书和说话，并且能够和他人进行沟通交流。

最后，海伦·凯勒以优异的成绩从美国哈佛大学拉德克里夫学院顺利毕业，成为世界上第一个完成大学教育的盲聋人。她学识渊博，精通英、德、法、希腊、拉丁等5种语言文字，还曾被美国《时代周刊》评选为"20世纪美国十大英雄偶像"之一，被授予"总统自由奖章"。

海伦·凯勒坚持写作，笔耕不辍，一生共写了14部著作。处女作《我的生活》一发表就在美国引起了轰动，被专家称为"世界文学史上无与伦比的杰作"。

她的代表作《假如给我三天光明》在全世界广为流传，文章以自己为原型，告诫世界上四肢健全的人们要珍爱生命，珍惜造物主赐予的一切，激励了一代又一代年轻人。

在不断提高、完善自我的同时，海伦·凯勒还努力帮助、鼓励和自己有同样遭遇的人们。她走遍美国和世界各地，为盲人学校募集资金，在盲人福利和教育事业上倾尽了自己的一生。

著名作家马克·吐温曾说过这样一句话："19世纪有两个值得关注的人，

一个是拿破仑，另一个就是海伦·凯勒。"

作为一名失去视力、听力和语言功能的弱势女子，海伦·凯勒并没有悲观消极、屈服于不幸的命运安排，而是以积极乐观的情绪和一颗不依不饶的心，勇敢接受了生命的挑战，用惊人的毅力面对生活中的困难和逆境，用自己最大的热忱去拥抱整个世界，最终在黑暗的世界里找到了自己人生的光明，同时又毫不吝啬地将自己温暖慈爱的双手伸向了那些需要帮助的人，不仅给自己也给别人带来希望。

海伦·凯勒的伟大事迹，令很多身体健全的人都自愧弗如。这位让人竖起大拇指的奇女子，在她87年无光、无声、无语的孤寂岁月里，践行了许多在身体健全的人眼里都难以实现的事情。而取得这样惊人的成就，很大一部分原因归根于她积极乐观的心态，她坚信自己依然是一朵可以盛开的鲜花。

由此可见，拥有积极乐观的情绪对人的一生有着极其重要的影响。相较于那些陷在悲观消极的泥淖里不能自拔的人来说，有着积极乐观心态的人更容易看到事物的光明面。

那么，如何保持积极乐观的心态呢？以下几个要点你不妨一试。

1. 自我鼓励，让自己坦然面对挫折

就是借助某些生活哲理或者某些积极正面的思想来安慰激励自己，从而让自己有勇气去面对困难和挫折，并与之进行斗争。有效掌握这种方法，能帮助你尽快从痛苦、逆境中摆脱出来。

2. 语言暗示，让自己相信"我能行"

语言对情绪有着不可忽视的影响，当你被消极悲观的情绪所控制时，可以采取言语暗示的方法来调整自己的不良情绪。

比如朗诵励志的名言或故事；心里默默对自己说"不要悲观"、"你行的"、"悲观消极于事无补，甚至会使事情变得更糟糕"、"与其消极逃避，不如积极面对"等诸如此类的话；不断用言语对自己进行提醒、命令、暗示等。这种语言暗示法非常有利于情绪的好转。

3. 转移注意力，让自己振奋精神

当遇到痛苦、打击时，我们千万不要陷在悲观的泥淖里无法自拔。这个时候，不妨试着转移一下自己的注意力，看看调节情绪的影视作品（以励志、温情剧为佳）或者读读积极、振奋人心的书籍（如名人传记、励志书等）。在这样一个过程中，你之前的消极情绪就会不知不觉转向积极、有意义的方面，心情也会随之豁然开朗。

4. 换个环境，让心情好起来

外在的环境对情绪有着重要的影响。光线明亮、舒适宜人的外在环境能够给人带来愉悦，而在阴暗狭窄、肮脏不堪的环境下，人们很容易产生不快、消极的情绪。所以，亲爱的朋友们，当你感到悲观失落时，不妨走出去散散心，享受一下大自然的美景，这样非常有利于身心调节。

亲爱的朋友，请仔细打量一下自己，看看你的天空是否总是布满阴霾？你的脸上是否仍挂满忧愁？你的生活是否总是遭遇滑铁卢？如果是，请你学着用积极乐观的心态去对待这一切，相信自己的生命依然可以像鲜艳的花儿一样绚烂绽放。

只要你勇敢，世界就会让步

失败也是我所需要的，它和成功对我一样有价值。

——美国发明家托马斯·阿尔瓦·爱迪生

- -

有人曾说过："女人是弱者。"这句话得到了大多数人的肯定。然而，现实生活中的酸甜苦辣不会为"弱者"的女人网开一面，反而会以苛刻的标准来考验女人。一旦她们没能"达到标准"，各种打击和嘲讽就会迎面扑向她们。

在这个时候，生性脆弱的女人们感觉到自己的世界末日来了，因而痛苦不堪，悲观失落，信心全无，患得患失，失去生活的信心，恐惧着未来，甚至产生轻生的念头。

其实，生活中人人不可能始终一帆风顺，难免会有伤痛、挫折和失败，这都是很正常的事。我们最需要做的就是接受挫折，把它们当作人生的另一种财富，然后很快地忘掉伤痛，继续乘风破浪前行。

在现实生活中，那些淡定的女性也正是这么做的。她们把这些挫折当作人生的财富。她们即使身处荆棘之中，仍能用坚强的意志为自己开辟出一条道路，成为了不起的伟大女性。

坐在公园的椅子上，瑞贝卡正想好好享受冬日里暖暖的阳光时，一位中年妇女坐在了她的身边，开始喋喋不休地向她诉说着生活中的艰辛。

"各种挫折仿佛在一瞬间向我袭来。"她抱怨道。瑞贝卡静静地听完，然后微笑地对她说："听听我的故事吧！"

"13岁那年父亲去世了，悲伤难过的时候，母亲对我说：'生活中的变化是不可避免的。始料不及的挫折也许会给你带来机会。勇敢地往前走，你会获得新的人生。'

母亲不仅这样说，也是这样做的，并成了我生活的榜样。她靠打工养活了我，供我读完了大学。

毕业后，我凭借着自己的能力找到了一份满意的工作。这时我遇见了我的爱人，就在我们结婚不到一年的时候，他应召入伍。六个月后，我收到了来自部队的一封电报，上面说他牺牲了。

正沉浸在幸福中的我不能接受这样的事实，但我想到了母亲曾经说过的话。没有了他，我必须要活下去。而且，要活得更好，因为有更多的担子落在了我的肩上——我必须赡养自己的母亲和婆婆。

在工作中，我得到了一个培训的机会。从此，我的生活步入了一个全新的、不断发展、不断完善的轨道中。我逐渐明白了人生的法则。对每一次的损失，上帝都会给你找回来——只要你去寻找它。

最后，我成功了，成为银行的第一位高级管理人员，并且一直工作到退休。退休后有一天，我在家中意外地接到了银行的电话，他们希望重新聘请我回去工作，因为我正适合与老年人沟通。

于是，我又重新返回了工作岗位。你看，生活的挫折并没有那么可怕，反而是人生的另一种财富，不是吗?"

听完瑞贝卡的讲话，中年妇女似乎也领悟到了许多许多。她以钦佩和感激的神色向瑞贝卡道了别，迈着比来时轻快得多的步伐走了。

瑞贝卡对待挫折的态度值得每一个女性学习。正如英国小说家萨克雷说："只要你勇敢，世界就会让步。如果有时它战胜你，你就要不断地勇敢再勇敢，世界总会向你屈服。"是的，只要你勇敢、努力，就算是在恶劣的环境中也会开出美艳的花，绽放出绚烂的人生。最关键的问题是你要怎么做。

有一天，龙虾与寄居蟹在深海中相遇，寄居蟹看见龙虾正把自己的硬壳脱掉，只露出娇嫩的身躯，非常紧张地说："龙虾，你怎么可以把保护自己身躯的唯一的硬壳也放弃呢? 难道你不怕有大鱼一口把你吃掉吗? 现在，急流都能把你冲到岩石里，到时不死才怪呢?"

龙虾气定神闲地说："谢谢你的关心，但你不了解，我们龙虾每次成长，都必须先脱掉旧壳，才能生长出更坚固的外壳。现在面对挫折，只是为了将来能发展得更好而做准备。"

寄居蟹细心思量一下，自己整天只找可以避居的地方，从没有想过如何令自己成长得更强壮;自己整天只活在别人的庇荫之下，难怪永远都发展不了自己。

那些脆弱的女人何尝不是如此呢? 像寄居蟹一样，因为害怕挫折，担心危险而不敢走出自己的壳，每天只知道躲着，不停地想找个庇护的地方，却从不知道，最好的庇护就是让自己更强大。

从心理学上讲，人体如同一个大的化工厂，你有什么样的心情，身体就会进行什么样的化学合成。因此，对正处于挫折中的女人来说，保持一种强大的心理力量是十分重要的。

聪明的女人用积极的心态给自己一个有力的精神支撑，那么潜藏在意识深处的精力、智慧和勇气就会被调动起来，勇敢地面对生活中的一切挫折和困难，尽自己最大的努力迎接挑战，从而让自己成为生活中的强者，争取到自己的幸福和胜利。

或许在前方的路上，依然有很多的挫折、困难、痛苦等待着你，但只有让自己的内心变得强大，勇敢地迈步向前，去感受这一路上的风景，就比躲起来要好得多。也只有这样，你才能得到所企盼的成功。

如此说来，受挫并不是一件可怕的事情。它是女人成熟的必由之路，女人感受一次挫折，就会对生活加深一层理解；女人经历过一次失败，就会对人生增添一层领悟；女人遭受一次磨难，就会对成功透彻一层内涵。

从这个意义上说，女人如果想要获得成功和幸福，首先就要经历挫折，领悟挫折。正如歌中唱的，"每个女孩都是在受伤中渐渐长大"，女人与其怨天尤人、自暴自弃，不如把挫折当作人生的另一种财富，让自己也开出一朵朵最艳丽的花，散发出最浓郁的花香。

契诃夫曾经说过这样一句话："要是你的手指扎了一根刺，那你应当高兴。挺好，多亏这根刺不是扎在眼睛里。"生活中总是充满了各种变化和挫折，这就是生活的真谛。当你遇到它们时，要学会坦然面对，勇敢跨越。当一个女人无所畏惧地面对生活中的挫折时，她们就会被磨砺得越发优雅、成熟。

第五章

理性与感性的交融恰到好处

以 一 种 理 性 的 思 维 律 己

知性也是个人气质的一种表现，女人是感性的，知性女人却独有一种聪慧，能将感性和理性揉捏得恰到好处，如她们沉淀心性，能管理自己的情绪；她们知进知退，懂得适可而止的道理；她们幽默风趣，能巧妙处理矛盾和争端……所有这些，一旦你做到了张弛有度，气质便尽显其中。

控制自己，不做坏情绪的"奴隶"

能控制好自己情绪的人，比能拿下一座城池的将军更伟大。

——法国军事家、政治家拿破仑

"千里难寻是朋友，朋友多了路好走"。的确，友情对每个人来说都是非常珍贵的，只有有了朋友，我们的人生之路才会越走越宽阔。有人说"人而无友，犹如生活中无太阳"，这句话同样说出了友谊对于人的不可或缺。

但是，我们却往往因为一些小事无法控制自己的情绪，在朋友面前乱发脾气。殊不知，这种坏情绪很可能会让本可以成为朋友的人对我们敬而远之，让已经是自己朋友的人渐行渐远。

这种把自身承受的压力与痛苦转移到他人身上的自私行为，从短期来看或许可以宣泄自己郁结的坏情绪，达到自身的心理平衡；但是从长远来看，这是百害而无一利的。所以，朋友们在发泄情绪时一定要适度、适当，千万不要把坏情绪传染给他人，以免造成更坏的结果。

如果一个人能够控制自己的情绪，不轻易将它发泄出来，那么他必将收获真正的友情，同时也会获得内心的安宁。

但在现实生活中，却很少有人能做到这一点。在与他人的交往中，一旦自己情绪不好，就会不管三七二十一地发泄出来。殊不知，坏情绪的不良发泄会严重影响人与人之间的友好交往以及家庭的和睦，是侵袭人际关系的"毒瘤"，而最终的受害者不是别人，正是你自己。

就像华人作家说的那样：如果一个人看清了自身的处境，知道哪些情况是必得承受，无可避免的，就得想法子让自己承受得愉快些，有意义些。也就是说，你要支配情绪、控制情绪，不能让情绪支配、控制你，甚至摧毁你。健康愉快的生活来自勇敢进取的生活态度，只会诅咒生活的人，永远不会尝到生活的乐趣。

我们常听说这样一句话："人生不如意事十之八九。"一个人在遇到不如意、不顺心的事情时，有情绪反应是再正常不过的，因为我们每个人都是有血有肉的个体，有七情六欲，要求自己或者他人跟个木头一样，冷漠没有情绪，也是不可能的事情。

但是，有很大一部分人在发泄自己的情绪时从不顾及他人的感受，好像自己痛快淋漓地发泄完后就万事大吉，至于谁来收拾自己撂下的烂摊子就不关自己的事了。而这种做法的最终下场只会像上面所提及的情况那样，损人又害己。

那么，当不良情绪向我们袭来时，我们又该如何调节，如何发泄自己的情绪，而又不影响自己的人际关系呢？在此，我们给大家介绍几个小妙招，可以有助于你达到这一目的。

1. 搞清楚自己为什么情绪不佳，然后冷静地化解这种不良情绪

俗话说："解铃还须系铃人。"当你心情烦躁或者不快乐时，千万不要任这种坏情绪任意发展，而是要静下心来仔细分析，并找出产生这一坏情绪的原因，弄清楚自己到底在因为什么而郁闷、纠结或愤怒。

找到问题的症结所在之后，再有针对性地寻求适当的方法和途径进行解决，比如，你如果是因为睡眠不足而导致自己心烦意乱（医学专家研究发现，睡眠不足对我们的情绪影响极大），那你就应该正常作息，补充自己的睡眠。

如果找不出原因，则说明你可能正处于情绪的"低潮期"或者"危险期"，过一段时间就会好转，无须太过焦虑。

2. 将眼睛闭上，让心情放松

闭上眼睛深呼吸是自我放松的好方法，它不仅能促进人体与外界的氧气交换，还能使心跳减缓，保持镇静，缓解即将爆发出来的情绪反应。

当你的内心产生愤怒、紧张、恐惧等不良情绪时，可以通过这种方法来进行缓解，在这个过程中，大脑还可以想象一些美好的事物或者曾经经历过的愉快情境等，这有利于放松心情。

3. 找合适的渠道将坏情绪宣泄出来

不良情绪如果总是憋闷在心里，不发泄出来，会非常不利于身心健康。

当然，情绪的发泄应讲究适度，不要过火。比如，遇到一件令人悲伤的事情时，强忍泪水反而有害身心健康（泪水可以排出体内的有害物质，也可以缓解这种不良情绪），但是，如果毫无节制地痛哭流涕，于己于人都无益。

所以，在宣泄自己的情绪时，一定要把握好分寸，选择适当的发泄对象、时间、场合和方法，切忌殃及无辜人士，影响自己正常的人际交往。

4. 管住嘴巴，不要随便倾倒自己的苦水

有些人有这样一个习惯，只要自己有一点烦心事就会随便找个人大倒苦水，喋喋不休，也不管对方愿不愿意听。发泄完之后，自己心里好受了，就把别人撂在一边，不考虑别人的感受。相信这种人的人缘一定好不到哪儿去，

甚至会招致许多人的厌烦。

如果不想做这样的人，建议你不要见人就一直倒苦水，要么找个合适的人选倾诉一番，要么采取其他可行的方法来进行自我调节。

5. 转移注意力，让坏情绪"主动"消失

心理学相关研究表明，当人们的情绪有所反应时，其头脑中便会产生一个比较强的兴奋点，如果建立一个或者几个新兴奋点，便可以冲淡或者抵消之前的兴奋中心。所以，当我们发现坏情绪的不良苗头时，不妨暂时不去管它，让自己把注意力转移到其他更有意义的事情上去，比如看一场令人愉快的电影，做一做自己最喜欢的运动，听一听舒缓的音乐，阅读一本有价值的书籍。这些都不失为转移注意力的好方法。

我们相信，如果能记住以上 5 点，并能够在坏情绪侵袭自己时运用其中的某一条，就有可能让坏情绪离我们而去，从而让我们有一个和谐、稳定的生活。

别让怒火辜负了春花秋月

谁不能克制自己，他就永远是个奴隶。

——德国思想家约翰·沃尔夫冈·冯·歌德

对于一个有魅力的女性来说，一定要学会控制好自己的情绪，克制住自己的怒火。试想，一个总是情绪失控，动不动就发飙、歇斯底里的女人，又有什么优雅可言呢？

然而在现实生活中，总存在那么一些"冲动"的女性，她们会为某些细微的琐事而大发雷霆、火冒三丈。这种行为显然是不可取的，"发怒"不仅会影响自身的心情和生活，而且会损坏自己的形象，降低别人对自己的评价。

有本书中这样写道："歇斯底里，这是女人中常见的一种极端负面情绪。面对痛苦的打击和不平时，女性往往会出现一种歇斯底里的情绪，这也是女性基因中的一个特别之处。当其爆发时，怒气和怨恨像潮水一样涌出，那是一个接近世界末日的情绪，那种感觉有时候与死亡非常接近。"

"丁零零……"在一阵清脆的闹铃声中，梁馨又开始了自己紧张忙碌的一天。火速将洗漱、化妆等一切程序搞定后，梁馨准备出门迎接今天的第一场战役——挤公交！

　　公车上人真多，摩肩接踵的。车子快速行驶在路上，突然司机一个急刹车，车上的乘客都因惯性向前扑去，车内一阵涌动。梁馨穿着高跟鞋没有站稳，一个趔趄倒在了前面女乘客的身上，这个女乘客脸上立刻露出一副极其厌恶的表情，胳膊肘用力顶推着梁馨，口气很粗暴地对梁馨说："哎呀，挤什么挤啊！烦死了！"梁馨一看这状况，顿时火冒三丈，语气很冲地回击道："你以为我想挤你啊，切，也不瞧瞧你什么德性。""那你有本事别挤啊，不要脸！"那个女乘客显然也在气头上，毫不示弱。就这样来来回回地顶撞了几个回合后，那位女乘客终于到站下车了，临下车的时候，她还鄙夷地抛给梁馨一句："什么素质啊，懒得跟你说！"

　　梁馨越想越来气，心里一个劲儿地咒骂着那个"死女人"。结果，这一整天都在郁闷中度过。

　　这样的现象或许我们也曾见到过，甚至有的朋友也亲身经历过。类似这样的事情，为什么会一而再、再而三地发生呢？答案是，我们大多数人都不懂得控制自己的情绪。

　　生活中，总会有这样那样的不如意，看不惯的人和事实在是太多太多，被人误解，遭到诽谤，甚至暗地里被人算计也是时有发生的事儿。如果对此，我们不学会控制自己的情绪，而是动不动就发脾气，或者怀着报复心理以牙还牙，结果只会像梁馨一样使自己不快，甚至两败俱伤，实在不是什么明智之举。

洛丽塔曾是电影界炙手可热的女明星之一，她曾演绎过很多经典的作品。在荧幕上，洛丽塔温文尔雅、温和可人，用她那精湛的演技征服了一大批观众，因此，她的狂热追捧者也不在少数。

然而，一旦离开了摄像机，洛丽塔就完全变成了另外一个人。在现实生活中，洛丽塔经常情绪失控，总为一些小事情而抓狂、发脾气，像一只暴躁的狮子。

虽然有个性的演员更受观众青睐和追捧，但是像洛丽塔这样无法控制自己的情绪，容易发怒、乱发脾气的演员还很少见，几乎没有人能招架得住她的暴躁脾气，就连经常与她一起合作的导演和同行也坦言：洛丽塔有时候在片场也会因一些小事发脾气，阻碍拍片的进度，影响与合作演员之间的关系。

洛丽塔这种火暴脾气在电影界内是众所周知的，早在她24岁那年，就因为在片场与另外一位演员发生严重的争执并且拒绝向对方道歉而被解雇。

不久之后，洛丽塔又因为和一位制片人在台词的问题上存在分歧而大闹片场，并且用脏话辱骂和威胁对方。在洛丽塔的生活中，类似这样的事情还有很多，比如因一场误会在公众场合大骂自己的经纪人，在下榻的酒店因为某些小事和酒店工作人员吵得不可开交，等等。

还有一次，洛丽塔荣获某个国际电影节的最佳女主角奖。领到奖后，她非常兴奋，便在现场发表感言时吟了一首诗，然而这一段视频在播出时被某个媒体给删掉了。洛丽塔得知这个消息后非常愤怒，她对着这个媒体破口大骂，狠狠地发了一顿脾气。

虽然后来洛丽塔为自己这种失礼鲁莽的行为公开道了歉，但并没有得到大家的原谅，他们认为洛丽塔虽然演技过人，但是其本人的火暴脾气无法让人接受，所以最终取消了她的获奖资格。

此后不久，在角逐另外一个国际电影节最佳女主角时，洛丽塔被认为极有可能再次捧走桂冠，然而也有不少人持怀疑态度，他们认为洛丽塔不可能问鼎最佳女主角，这当然不是因为她演技有问题，而是因为她暴躁的性格和易发怒的习惯。当获奖结果公布后，正如那些持怀疑态度的人所说，洛丽塔并没有在这场角逐中胜出。

洛丽塔亲身经历的遭遇告诉我们，当遇到不顺心或者不如意的事情时，发怒和抓狂是解决不了任何问题的，反而会让事情变得更糟糕。而且，经常情绪失控、容易发怒的人会给他人留下非常不好的印象，不利于魅力的彰显。

因为暴躁的脾气，洛丽塔一次又一次陷入纷争，甚至吃上了官司，为自己带来了无尽的麻烦，也因为她易发怒的习惯，影响了自己的事业，最终与最佳女主角失之交臂。逞了一时之快，却带来无尽的后患之忧，何苦呢？由此可见，发怒是具有无穷破坏力的。

那么，我们应该怎样控制自己的情绪，克制自己的怒火呢？在这里，我们介绍了以下几种控制情绪、克制怒火的方法。如果现在的你，或者你身边的朋友有情绪失控、容易发怒的习惯，不妨尝试一下。

1. 认识评定法

一个心智成熟健全的女人能够有效地控制自己的情绪，绝对不会轻易发怒。在她们看来，很少有事情会让她们暴跳如雷；而情绪失控、易怒的女性朋友则不然，她们动不动就会因为一些小事情而大发雷霆。所以，要想控制好情绪，克制住怒火，女性朋友们首先必须从提高自身对外界刺激的承受力以及客观认识外界的刺激入手。

（1）回忆一下自己以往的行为以及发怒的原因，仔细想想自己为此发怒是否值得。在这个过程中，你会发现当初让你火冒三丈的事情其实根本不值得一提，甚至有时候自己完全是在无理取闹。

如果你在发怒之前给自己几秒钟的冷静思考时间，想一想发怒的对象和原因是否值得你这样大动肝火，相信不久之后你情绪失控以及发怒的次数就会明显减少。

(2) 不要放大事情的严重性。稍加留意，我们就会发现那些易发怒的女性朋友都极为敏感，对鸡毛蒜皮的小事情都会放在心上，别人不经意的一句话，她们都会耿耿于怀很久，总是把事情往坏的方面想，结果越想越来气，最终导致情绪失控。

对此，建议易怒的女性朋友们在怒火中烧时，最好做个深呼吸，自己默数几下，放松身心，并试着淡化事情的严重性，避免起正面冲突；当怒气有所削减时，再回过头去想想，到底发怒有没有必要。

2. 后果设想法

充分认识到发怒带来的不良后果。发怒不仅影响正常的人际交往，而且可能造成心血管机能的紊乱，引发心律不齐、冠心病、高血压等症状，严重时还可能导致脑血栓、高血压、心肌梗死。所以，亲爱的女性朋友们，当你正准备发怒时，不妨想想发怒对身心的巨大危害。

3. 能量转移法

怒气就像是一种能量，如果不及时进行控制，很有可能泛滥成灾；如果稍加控制，就会大大减弱它的破坏性；如果合理进行控制的话，甚至还会有所获益。

愤怒时，你可以出去参加一些刺激的运动，或者看一场电影，哪怕出去散散步也会起到消解怒气的作用。

另外，一个脾气暴躁的女人会经常发火，虽然她自己也知道这样不对，但是脾气一上来就控制不住自己，这样的人就有必要找一个监督者。一旦有发怒的迹象，监督者就应该马上给予暗示或阻止。这个监督者的职务最好让自己最亲近的人来做。这种方法对那种下定决心制怒却又缺乏自控力的女性朋友来说最为有效。

4. 语言调节法

通过语言可以削减怒气，即使是无声的语言也能起到缓解的作用，比如在自己的办公桌、卧室、客厅等经常出没的地方放一张写有"制怒"或者"忍"等字样的座右铭或艺术品，时刻提醒自己不要乱发脾气。著名的民族英雄林则徐就利用这种方法，在书房墙上挂有"制怒"二字的条幅，此方法不失为控制情绪、消解怒气的好办法。

5. 饮食调节法

饮食对情绪以及脾气的影响也是不容小觑的。要想有效地控制情绪、减少怒气，应少吃肉类，多摄取一些粗粮、蔬菜和水果，因为肉类使脑中色氨酸减少，如果吃大量的肉食会使人越来越烦躁。保持清淡饮食，可使心情比较平和。还要注意的是，气温超过35℃时，大量汗液的排出会导致血液黏稠度升高，同样也会使人烦躁不安，多喝水可以稀释血液，让心情平静下来。

著名小品演员郭冬临曾在自己的一个小品中这样形容冲动："冲动是魔鬼，冲动是炸弹里的火药，冲动是一副手铐、一副脚镣，冲动是一颗吃不完的后悔药。"由此看来，冲动的"杀伤力"确实不容小觑，相信想要修炼成为魅力女人的女性朋友也都不愿意跟这些"火药"、"手铐脚镣"、"后悔药"之类的玩意儿扯上关系。

所以，在现实生活中，美女们一定要提防"冲动"这个魔鬼，有意识地控制好自己的情绪，远离怒火的侵袭。

幽默，女人的魅力之一

我相信幽默感也是魅力的一个组成部分。有了幽默感，人们可以在一种非常融洽的气氛中彼此交流思想和看法。缺乏幽默感，生活就变得非常单调和枯燥。

——意大利索菲亚·罗兰

幽默作为一种表达方式，深得人们的喜欢。特别是现今社会，几乎人人都喜欢幽默，向往幽默，追求幽默。其实，幽默在我们的日常生活中是很别致的；幽默往往是有知识、有修养的表现，是一种高雅的风度。我们可以观察一下，那些知识渊博、辩才杰出、思维敏捷的女性，大多都是具有幽默基因的人。因为她们非常注意有趣的事物，懂得开玩笑的场合，善于因人、因事不同而开不同的玩笑，给人们创造了轻松、和谐的氛围，进而摆脱尴尬与困境。

或许有人认为，作为一种人生态度，幽默实际上是可有可无的，远没有到不可或缺的程度。但是要知道，幽默会给我们原本平实的生活增色不少。

不仅如此，幽默作为一种女性难得的气质，使她们更容易获得男性的青睐。

幽默风趣比漂亮的容貌还容易让异性动心，因为没有人会拒绝轻松快乐。善于理解幽默的女人，容易看透别人，进而理解别人；善于表达幽默的女人，容易被他人喜欢。

其实，不仅仅是在生活中，在社会交往中，幽默的女人也往往更具吸引力。正如一位作家所言："因为幽默是一种真正的生活智慧，是在经历了社会的各种历练，尝尽酸甜苦辣后，仍然保持的一种积极、乐观的人生态度。"

善于运用幽默的方式与人打交道的女性，无疑是具有超强智慧的，她们对生活始终保持着一份自信、乐观的态度，在轻松的言语中散发自己独特的魅力；同时，幽默的女人也是豁达的，她们不会因为一点困难就退缩，总是那么积极向上，乐观开朗。

不能不说，一个善于在谈话中时时流露出幽默感的女人是可爱的，她诙谐的谈吐、可爱的表情，会使每一个和她交谈的人都快乐，更会给人留下极为深刻的印象。这样的女人必然会在众人之中脱颖而出，成为人们经常提起的热门人物。开朗大方的你虽然很健谈，可唯独缺少幽默的艺术，那么不妨在你的谈话中加一些幽默的调料，给你的谈话内容加些精彩的片段；性格内向的你虽不健谈，但如果一出口便是连篇幽默的句子，想不叫别人刮目相看恐怕都难喽！

既然幽默如此重要、如此"迷人"，那么我们又该怎样来培养自己的幽默感呢？

简单来说，一个女性要想培养幽默感，需要以一定的文化知识、思想修养为基础。所以，要想具有幽默感，具备广博的学识是必不可少的。此外，我们还可以通过学习那些诙谐、风趣的人开玩笑的方式、方法，来渐渐培养幽默感。至于那些性格比较内向、做事过于认真呆板的女性，要学会欣赏别人的幽默，在社交过程中尽量让自己轻松、洒脱、活泼，想办法将话说得机智、委婉、逗笑。当然，刚开始尝试的时候或许会感到不大自如，但只要我们能够坦率、豁达地在交往中不断实践，我们的幽默感便会变得自如，往往会油然而生，使交往更加情趣盎然。

还需要提醒的一点是，在运用幽默时，表情一定要自然、轻松，只有这样，你才能以幽默的轻松气息"感染"身边每个人。

幽默的人生，充满着无限的乐趣。所以，想成为焦点的美女们要学会和善于运用幽默，这将会令我们的社交生活更加丰富、生动和快乐。

得饶人处且饶人，彰显大气之美

是非以不辩为解脱，烦恼以忍辱为智慧，办事以尽力为有功。

——印度诗人拉宾德拉纳特·泰戈尔

"你什么意思啊，不把话说清楚休想离开！""说谁呢你？嘴上有把门的吗？"

诸如此类的话我们偶尔会在生活中听到，很多女性常常会为了一点微不足道的小事争来争去，轻的数落别人的不是，重的则破口大骂，甚至拳脚相加。最后不但落得两败俱伤，而且还让自己的女性仪态受损，形象尽失。

实际上，如果能少一点计较，多一点宽容和大度，可能一时吃点小亏，但却不会让自己因为这些事情而太过恼火，也不至于在外人面前让自己的淑女形象不保。

如果说小气的女人就像一根干枯而倔强的树枝，那么大气的女人就像一朵淡然开放的花朵。小气的女人毫无声息，大气的女人则能够悠然于人世，笑看人生百态。

我们来看一个发生在美国的故事：

爱默林是一位消防员，不幸的是，他在一次火灾抢险中牺牲了。事故调查清楚之后，得出的结论是两个流浪少年故意纵火导致了这场灾难。

这个消息令人震惊和气愤。全市的市民和该市市长都说要严惩这两名纵火犯。但是，爱默林的母亲却在电视讲话中这样说道："我儿子的突然离开，令我非常伤心，但我现在只想对制造灾难的那两个孩子说几句话——你们现在一定活得很糟糕，很可能生不如死。作为这个世界上最有资格谴责你们的我，此刻只想说，请你们回家吧，家里还有等待你们的父母。只要你们这样做了，我会和上帝一同宽容你们……"

这一番话让电视机前的所有人惊呆了，任何人也想不到，一个痛失爱子的母亲能够如此宽容地原谅两个犯人。

其实，在此之前，两个孩子因为承受不了巨大的社会舆论压力而买了大量的安眠药，准备一道离开这个世界。但就在这时，他们从电视里听到了这位宽容的母亲的声音，他们顿时泪如雨下，而后向警察局投案自首。

岁月荏苒，时过境迁，当初的两名鲁莽少年，如今都已成家立业，身为人父，并且在事业上都取得了不俗的成就。

他们俩会时常带着孩子看望爱默林的母亲，因为在他们俩的心中，她是自己心灵的上帝。是她的宽容和原谅，让自己认识到了生为人应该承担的责任，应该遵守的道德规范。

当年，如果这位母亲不发表那样的电视讲话，而是坚决表示要严惩这两个孩子，那么他们恐怕就没有重新做人的机会了，而这个母亲也将永远沉浸在丧子之痛中，孤独地度过余生。

看完这个故事，我们不得不为这位宽容的母亲而震撼！同时，也深为两个鲁莽少年而感到悲哀之后的庆幸。

我们中国有一句俗话："让人非我弱，退步自然宽。"此话很有道理。人在这个复杂的社会上生存，难免会遇到这样或那样的纠纷，这是很正常的。但是，难得的是，我们在得理之时，还能不"得寸进尺"，还能宽容大度地对待别人，以理相让，以德报怨。

有诗云："马踏花草蹄留香。"意指，花草被马蹄践踏，不但不怨恨，反而把香气留给了马蹄。王安石也曾有诗写道："风吹屋檐瓦，瓦坠破我头；我不恨此瓦，此瓦不自由。"意思就是说，瓦片掉落下来砸到别人的头并非它本意，我们又何必去怨恨它呢？

所以，学做一个宽容大度的女人吧！宽容的女人善于设身处地地为别人着想，尊重他人，用自己开阔的心胸容纳别人，原谅别人对自己的伤害。这样的女人懂得抓住生活中的幸福，不会因为在一些事情上的执着而放弃幸福的人生。

退一步，你会发现海阔天空

人心，不是靠武力征服的，而是靠爱和宽容征服的。

——荷兰哲学家巴鲁赫·斯宾诺莎

与人交往，总免不了产生一些摩擦或者矛盾。在这些不愉快面前，人和人处理问题的方式各不相同。如果一个人心胸豁达，懂得包容和宽恕别人，那么，她眼中的世界永远是阳光明媚、积极向上的。与之相反，如果一个人总是心胸狭隘，喜欢和别人斤斤计较，凡事针锋相对，这样既容易伤害到对方，又会让朋友离你而去，以后有了什么困难也难以找到帮助自己的人。

不得不承认，我们每个人都有自己独特的个性，这也是一个人区别于他人的显著特征之一。你的个性难免要和他人发生冲突。不管你多么随和，总会有人跟你过不去。

但是我们别忘了那句话，"尺有所短，寸有所长"，虽说人的性格各有差异，但只要我们能够求同存异、相互谅解、不求全责备，那么就能够相互配合，顺利地将问题解决。

有个这样的神话传说。一位名叫海格力斯的英雄，他正在崎岖不平的山路上走着的时候，发现路中间有个鼓起的袋子。他觉得这个袋子鼓鼓地待在路中央，会妨碍行人走路。于是他抬起脚来，用力地朝袋子踩了下去。让海格力斯没有料到的是，那个袋子不但没有被踩破，反而变得越发膨胀起来。海格力斯被激怒了，他抄起一根大木棍，使出了吃奶的劲儿去砸那个袋子，那袋子居然开始加倍地变大，直到最后整条路都被堵死了。

见此情景，海格力斯既悲愤又无奈。正在他愁眉不展的时候，一位圣者出现在了海格力斯身后。这位圣者和颜悦色地对海格力斯说："年轻人，赶紧住手！离它远一些！这个袋子叫仇恨袋，如果你不惹它的话，它就会缩小到你刚看到它时候的样子。如果你不断地去侵犯它，它就会膨胀得越来越大，那时候，你永远都没办法从这里通过了。"

反观现实中的我们，会不会也犯故事中海格力斯这样的错误呢？当遇到矛盾的时候，总是不愿意自己吃亏，而是向对方步步紧逼，认为如果自己先让步就是没面子、没尊严的表现。而这样做，只会导致矛盾不断地被激化和升级，最后弄到无法收拾的地步。

其实我们要明白，退让和宽容并不会让我们失去尊严。相反，它恰恰是一种心胸豁达、成熟理智的表现。一时地退让不仅可以避免矛盾的加深，还能换来别人的尊重和感激。敌意和仇恨就像一面不断增长的墙，而宽容和退让则像一条不断加宽的道路。我们要学会宽容别人，善待恩怨，学会尊重自己不喜欢的人。因为宽容别人就是在宽容我们自己，在宽容别人的同时，也为自己营造一个安宁的心境。

不可否认，很多灾祸都是由一点小事引发的。如果在小事上不能容忍他人，斤斤计较，那么灾祸就会立刻到来；如果在小事上能够容忍他人，不计利益得失，灾祸自然找不上门来。

所以，我们不妨宽容地对待我们的敌人、仇家、对手，在非原则的问题上，以大局为重。若如此，我们会得到退一步海阔天空的喜悦，化干戈为玉帛的喜悦，人与人之间相互理解的喜悦。要知道，在这个世界里，我们并非踽踽单行，面对生活和工作中的纷纷攘攘，难免有碰撞，所以即使心地最和善的人也难免会伤到别人的心，如果冤冤相报，非但抚平不了心中的创伤，而且还会将伤害者捆绑在无休止的争吵战车上。

其实，回过头来想想，我们对自己过错的审视，往往不如看待他人所犯的过错那么严重。正如德国神学家肯比斯所言："我们很少用同样的天平去衡量邻居。"

这大概是因为我们对导致过错的背景了解得很清楚，以至于我们对于他人的过错不能原谅，对于自己的过错就比较容易原谅，从而使我们常把注意力集中在他人的过错上。所以，为了能够拥有一个和谐的生存环境，能让自己的内心更加开阔、豁达，我们既要容忍自己，又要容忍他人。

在"苦药"上抹点糖

在指出别人错误的时候，不妨先表扬她。

——英国哲学家约翰·洛克

每个人都有着强烈的自尊心，所以十分诚恳地接受他人的批评并非一件容易的事。但如果我们能在批评他人的时候放一点"调料"，可能就会让对方舒服很多了。

我们都知道，一些药物的最外一层包裹着一层甜甜的糖衣。其实这是药物研发者的高明所在，因为这样做，服药者就不会感觉药有那么苦了。我们在对别人进行批评的时候，不妨也给批评包裹一层"糖衣"，这样听者就不会感觉太难受，也不会对你的批评过于抵触了。

吴晴进公司不到两年就坐上了部门经理的位置，但是有个别下属不服她，有的甚至公开和她作对，任梦菲就是其中的一位。

自从吴晴做了部门经理之后，任梦菲经常迟到，一周五天，她一连四天都迟到。按公司规定，迟到半小时就按旷工一天算，是要扣工资的。问题是，任梦菲每次迟到都在半小时之内，所以无法按公司的规定进行处罚。吴晴知道自己必须采取办法制止任梦菲这种行为，但又不能让矛盾加深。

吴晴把任梦菲叫到办公室，对她说："你最近总是来得比较晚，是不是家里有什么困难？"

"没有啊，堵车又不是我能控制的事情，再说我并没有违反公司的规定呀。"任梦菲有点蛮横地说道。

"我没别的意思，你不要多心。"吴晴明显感觉到了对方的敌意。

"如果经理没什么事，我就出去做事了。"任梦菲转身就朝门口走去。

"等等，你家住在体育馆附近吧？"

"是啊。"任梦菲疑惑地看着对方。

"那正好，我家也在那个方向，以后周一到周五的早上你都到体育馆东门等我，我开车上班，可以顺便带你一起来公司。"

任梦菲没想到吴晴说的是这事，反而有些不好意思，喃喃地说："不，不用了……你是经理，这样做不太合适。"

"没关系，我虽然是经理，但我首先是你的同事，帮这个忙是应该的。"

吴晴的话让任梦菲突然觉得脸上发烧，人家吴晴虽然当了经理，还能平等地对待自己，而自己这种消极的行为，实在是不应该。事后，虽然任梦菲谢绝了吴晴的好意，但她此后再也不迟到了。

良药苦口利于病，忠言逆耳利于行。但在现实生活中，忠诚的批评却不如苦口的良药那样为人所乐于接受。因此，美女们就要做到一位心理学家说的那样："批评要学会变'害'为'利'，使硬接触变成软着陆，即在'苦药'上抹点糖，看似失去了锋芒，但药效却不减。"

美女们，如果你希望你的批评可以取得良好的效果，就要学会在批评方法上下功夫。一个人犯了错误后，最难以接受的就是大家的群起攻之，这样势必会伤害他的自尊心。怎样批评，其实是一种说服的技巧，是一门沟通的艺术。批评的目的意在引起对方的注意，使对方能认识到自己的错误，回到正确的轨道上，而不是贬低对方。即使你的动机是好的，是真心诚意的，也要注意方式和场合等问题。

在批评的过程中，适时地采取先表扬后批评的方式，使得对方树立改正错误的信心，树立全新的自我形象。因为他从你那里得到的信息是，自己是有优点的，即使有错误也能很容易地接受批评，并很快改正。所以，批评的艺术可以被称为"女人成功的基本哲学"。

批评和骂人不同，它们之间有着本质的区别，骂人是气急败坏的表现，是无赖的表现，这不需要多高水平，在大街上随便找个泼妇都能骂得十分出彩。只是，骂人的行为除了让被骂者受伤，或者被路人耻笑之外，没有多少意义。而批评不同，批评的过程是批评者站在一个公正的立场，站在一定的高度，通过摆事实、讲道理来对人与事进行的一场论证过程，它应该有着严谨有力的逻辑。因此，我们万万不可把骂人的行为纳入批评的范畴内。

批评别人，就要给别人服气的理由。我们作为批评者，首先要加强自身的文化修养，对批评的人和事要有自己独到的眼光和见解，要公正地看待问题，而不能根据党同伐异的态度去行事。在批评的过程中，我们要保持自己个人的意志，有自己的鉴别能力。然后，通过自己对问题的看法，真诚地向批评对象提出自己的意见，并指明他应该努力的方向。只要我们的见解是正确的，意见是真诚的，态度是诚恳的，别人又怎会不接受我们的批评呢？

　　金无足赤，人无完人，只要是人，就不可避免会犯错误。在批评一个人时，首先要让对方认识到自己的错误，批评时，不可辱骂对方或者用刻薄的语言贬低对方的人格，而要以适可而止、给对方留有余地的方式，让对方感谢你的宽容和帮助。

恰到好处的沉默更有力量

很多时候，沉默比能言善辩更令人自豪。因为沉默本身就是一种语言，一种能够在无声中传达力量和真实情感的语言。

——佚名

有句俗话："言多必失。"话一旦出了口，就没有办法再收回。女人一定要控制自己的言语，尤其是讥讽之言，要知道，你从刺人的话中得到的短暂满足感远远不及你付出的代价。

在社交生活中，一个女人想要获得他人的喜欢和尊重，就必须学会为人处世，善于沟通。然而，沟通也要根据情况而定，一些女人只看到了侃侃而谈之后的成功，却没看到成功背后的沉默。有时，沉默比说话更有力，沉默能够显示一个女人的品格，让女人在人群中脱颖而出。

Amanda 是个美丽而优雅的女人，尽管她没有身着名贵的衣服，没有佩戴任何名贵的首饰，但是无论她走到哪里，都会成为人群中的焦点。

一天，Amanda 受邀参加一场宴会。宴会上的人很多，她在一个较偏僻的位置上坐了下来。这时，衣着华丽的 Mina 和 Susan 走了过来，Amanda 友好地冲她们微笑，可她心里却并不希望她们待在自己身边。因为 Mina 和 Susan 喜欢显摆自己，更喜欢败坏他人。

Mina 一如既往地显摆自己，她骄傲地对 Amanda 说："Amanda 小姐，没有人请你去跳舞吗？我们两个被邀请跳了两支舞了，好累啊！"Amanda 本想开口回应，可她又一想：跟她较劲没什么意思，让她说去吧！于是，Amanda 什么也没说，只是淡淡地笑了一下。

Susan 接过 Mina 的话，说："我觉得，你应该买件像样的晚礼服，你身上的这件衣服看上去有点旧，而且跟你的气质也不是很相符。在这种宴会上，穿得不漂亮怎么能吸引男士的目光呢？"Amanda 继续沉默，只是微笑。

"哎哟，你的脖子上也是空空的，该佩戴一些像样的首饰才对。"Mina 一边说，一边摸着自己脖子上那条珍珠项链。就这样，Amanda 一直听着 Mina 和 Susan 的话，默不作声，脸上却始终保持着微笑。她觉得，只要她们两个说累了就会停下来。

就在这个时候，宴会上最优秀的男士朝她们走了过来，Mina 和 Susan 激动不已，嘴里不停地念叨："你看，他向这边走过来了……"可她们没想到，这位男士却把手伸向了 Amanda："美丽的女士，我能请你跳支舞吗？"Amanda 微笑地把手伸向他，说道："当然！"

Amanda 回过头向 Mina 和 Susan 一笑，说："不好意思，我先失陪了。"接着，她便和那位优秀的男士步入了舞池，而站在他们身后的 Mina 和 Susan 却气得直跺脚。

"沉默是一种无形的力量，它不是一味地不说话，而是一种成竹在胸、沉着冷静的姿态，它能够在神态和气势上压倒对方，逼迫对方沉不住气，甘拜下风。"深谙沟通之道的专家如是说。对应上面的事例，我们可以看到，面对 Mina 和 Susan 的讽刺，如果 Amanda 表现得十分尴尬，神态沮丧，那么得意的必将是对方；相反，她面对嘲笑与讥讽，始终用沉默和微笑回应，结果却得到了优秀男士的欣赏，彻底地压倒了蔑视自己的人。

　　作为女性，要想在社交生活中获得他人的喜欢和尊重，想要占有一席之地，就必须要学会为人处世，说话要懂得技巧，要善于沟通。而沉默之中无声的语言常能显示出一个人的品格，并能使我们立于不败之地。

　　沉默所表达的意义是丰富多彩的，它以言语形式上的最小值换来了最大意义的交流。沉默是语句中短暂的停顿，是超越语言力量的一种高超的传播方式。恰到好处的沉默能收到"此时无声胜有声"的效果。

　　沉默所具备的力量不容小觑，当你觉得自己无力反驳，口头上的话根本起不了作用时，而且又不好大发脾气时，不妨保持沉默吧。虽然在语言上喋喋不休，给人一种盛气凌人的感觉，但这多半是虚张声势；而默不作声看似是退缩，实际上却是胸有成竹。沉默的力量来自于后发的优势，不鸣则已，一鸣惊人，在沉默过后给别人以致命的一击。

　　因此，女人要学会适时的沉默。在沉默中，我们通过发掘自身力量，可以找回一个真实的自我。在沉默中，我们享受孤独，而每次孤独中的思考，都是一次思想上的进取；每次孤独中的冷静，都是在人生之路上自身实力的一次提升！

自省，让我们的心灵更有力

自我反省是一次检阅自己的机会，是一次重新认识自己的机会，更是一次提升自己的机会。当内心变得纯净的时候，我们的心灵会更有力量。

——佚名

花瓶里的花，如果不时常更换，再美丽也很快就会凋谢，只有时常换水，才可以保持花的新鲜，花的新鲜与我们身心清净的道理是相同的，我们要用什么方法，来让自己的身心得到清净呢？答案是自我反省！

反省，这对气质的修养很有必要。置身于现代生活中，我们的内心难免会有一些不光彩的想法，如欲望、抱怨、私心、忌妒等，这些都会使我们的内心沉重。不过没有关系，我们完全可以通过自我反省来消灭这些心灵的"恶魔"，让我们的心灵更有力量！

自我反省是一次检阅自己的机会，是一次重新认识自己的机会，更是一次提升自己的机会。学会自省，是一种倾听自己、善待自己、回归自己的美好方式，犹如在大漠中听到驼铃，在大海中看见灯塔。

不过，自省的过程犹如用锋利的手术刀解剖自己，毫无疑问是痛苦的，但唯有这样，自己的症结和缺陷才能明白显露，心灵上的污点才得以驱除。当内心变得纯净的时候，我们的心灵会更有力量，气质会更加迷人。

夏朝时期的大禹有个儿子叫伯启。一次，背叛的诸侯有扈氏率兵入侵夏朝，夏禹就派伯启作为统帅发兵抵抗。经过几轮残酷的作战后，伯启不幸战败了。他的部下非常不服气，一致要求负罪再战。

这时候，伯启说："不用再战了吧。我的地盘不比他们小，兵马也不比他们差，结果我竟然被打败了，这是怎么一回事呢？我想，这错一定在我身上，或许是我的品德不如敌方将领，或许是教导军队的方法有错误。从今天起，我得努力找出自身的问题所在，加以改正后再出兵不迟呀。"

从此以后，伯启不再讲究个人的衣食，立志奋发，勤政爱民，尊重并任用有贤能的人才，他的城池和军队更是一天天强大起来。不过几年，有扈氏得知这个情况，非但不敢再来侵犯，还甘心地投降了伯启。

可见，一个善于自我反省、审视自我的人，总是能够保持身心的清净，他内心的力量是非常强大的，就像可大可小的柔韧的容器，能将自身能量收放自如，他的生活一定是远离平庸、浮躁和愚蠢的。

古希腊哲学家苏格拉底的名言是"认识你自己"，他还曾经说过这样一句话："未经自省的生命不值得存在。"生命的意义在于觉悟、自省、进取，苏格拉底将生命中的大部分时间用于自我检视，他的事业就是他的精神，自觉，自愿，自律从而自由的精神，通过他得到了光大。

那么，我们应该如何进行自省训练呢？以下两点可作借鉴。

首先，拿出一个小本子，仔细、全面而诚实地检视自己，并据此列一个清单。在自己每个积极特点后面画一个加号，每个消极特点后面画一个减号。每天都浏览一下这个清单，告诉自己："我要××，不要××。"

其次，通过对自我言行的回顾和反思，针对自己所要努力的方向或改正的缺点，选择一些警句名言，"冲动是魔鬼"、"人生最大的敌人是自己"等，时时对照和提醒，检查和校准自己，不断进取。

总之，能够控制自己的内心是一件善待自己的事情，我们要像天天洗脸、天天扫地那样天天自省，当内心变得纯净的时候，我们的心灵会更有力量，内心变得和谐和平静，从而由内而外形成一种迷人的、不俗的气质。

| 第六章 |

花开花谢，无畏悲伤

以 一 种 淡 定 的 姿 态 处 世

玫瑰，从含苞待放到凋零枯萎，安静从容、不慌张，这是一种淡定的姿态。女人在生活中也当如此，在无常的人生路上，有一颗内敛而韵致的心灵，有一种处变不惊的从容、游刃有余的气度，当世而不艳，处世而不俗，立世而不惊。这份淡定若水的神韵，是一种气质的修炼，更是一种处世智慧。

不必美若天仙，却一定要超凡脱俗

一个人应该在自己灵魂深处树立一根标杆，从而把自己个性中与众不同的东西汇集在他的周围，显示出自己鲜明的特点。

——高尔基

在我们周围，我们经常会听到有人说某个人"真俗气"，也会听到有人夸某个人"美得脱俗"。可以说，在所有的形容人的词语中，"俗气"一定是不受欢迎的一个，而"脱俗"则彰显了一种与众不同的非凡气质。

可以说，一个脱俗的女人可能拥有美丽的容貌，也可能长相普通，但却渗透出一种神韵，让人们印象深刻，赞叹不已。因为在人们眼里，从脱俗的女人身上看不到尘世间的烟火气，她们就好像是来自另一个世界的美丽精灵。

郝艳丽是一家公关公司的媒介经理，她和老公文涛结婚已近十年。但是，他们并没有大多数人所经历过的所谓"三年之痛"和"七年之痒"，而是一直恩恩爱爱，就像当初恋爱的时候那样。这不禁让周围的朋友们很是羡慕，也让大家充满了疑问：郝艳丽是通过什么办法保持这种状态的呢？

她的老公为什么会一直对她这么好呢？

其实，郝艳丽的幸福婚姻是必然的，这是因为她永远有一股让老公刮目相看的脱俗气质。正是因为这份脱俗的气质，他的老公从不对外面的"彩旗"倾慕，因为在他眼里，那些女子都太俗了，而自己的妻子身上则有一股脱俗的气质，让自己十年如一日地爱她。

每每有朋友开玩笑或者讨教他们幸福的真经，文涛就会对朋友们说："艳丽和我一起生活近十年了，我们过的日子其实和大家的日子是一样的，也是柴米油盐酱醋茶的平凡生活。但是她的身上始终有一股脱俗的气质，就像一个谜一般，这种气质是我喜欢的，也可能是很多人身上所没有的。"

的确，有着脱俗气质的女性或许不属于这个世界，她们就像天使一般，融入世界，却又在世界之外。

一个脱俗的女人不会被日常琐事所牵绊，因为她们能够游刃其间，让自己洒脱开怀。之所以如此，是因为他们不喜欢去斤斤计较，有些时候她们宁愿选择吃亏，只为换取自己和周围世界的安宁。她们并非不问世事，而是对世界往往看得更清楚，她们选择了平静处理问题的方法，也许会因此受些损失，但她们的心却是安宁的。

贺文婷在一家移民公司做业务员，因她优雅的谈吐和出众的外表，使得很多客户愿意买她的单，为她的业绩添筹加码。

尽管工作业绩优异，但贺文婷对此并不是特别在意。当同事们遇到可能成交的客户后，会非常积极地和他们联系，还找机会请客户吃饭、K歌等，想以此来联络感情。

但是贺文婷从没有这样做过，她的原则是：工作是工作，生活是生活，吃饭属于自己生活的一部分，属于8小时之外的"私事"，不应该被工作所打搅。

对于她这样的想法和做法，很多人都称之为"傻"，但贺文婷却一直坚守自己的原则。由于业绩突出，工作两年半之后，贺文婷被公司提拔为业务经理。

事实上，或许正是贺文婷这种与众不同的脱俗气质，赢得了客户们的欣赏和信赖。这在为她带来好业绩的同时，也使她获取了领导的信任和青睐。

在我们生活的周围，如果你留意的话，不难发现像贺文婷这样的女孩，她们身上有一种轻灵而飘逸的味道。这样的人不管漂亮与否，都能够在人群中凸显出来，成为众人注目的焦点。

或许有的美女认为，我们都是凡夫俗子，每天生活在五花八门的大社会里，谁能保证自己能够不俗气呢？如果你也有这种想法，那么就请在闲暇时，去池塘里看看荷花吧。它真的是出淤泥而不染，并散发着最洁净的颜色和光彩。其实，你也可以如此。

宠辱不惊，为人生铺上亮色

人生如三道茶：第一道苦若人生，第二道甜似爱情，第三道淡如微风。

——三毛

一个人的魅力来自哪里？可以说，它来自内心的淡定。但什么是淡定呢？那就是练就一种心如止水、波澜不惊的本领，无论遇到怎样的境遇，无论身处怎样的环境，让自己的身心始终处于一种宁静祥和的状态。人生事十有八九不如意，唯有保持一份波澜不惊的淡定，给我们浮躁的心最温柔的安抚，才能带领我们前往想要的生活。

看世间熙熙攘攘，女人总有太多的不甘心，太多的不满足……意志不够坚强的一些女人往往会产生郁闷、焦虑、激愤等情绪，心有滞碍，自然就难以发挥出全部的潜力。

试想，如果一个女人在生活中稍有挫折就歇斯底里，在工作中稍有不顺就半途而废，在婚姻上稍有摩擦就分道扬镳，每天匆匆忙忙，奔波不停，忙得分不清欢喜还是忧伤……如此，你能够感受到她的美吗？答案不言自明。

相反，一个女人心里若没有太多苛责与过于强烈的欲求，不过于纠结于得失成败，也就能淡然笃定地掌控自己的生活，这也是个人内心的一种成功，这种人的魅力无疑是强大而稳定的，辐射出的能量也更有震撼力。

少了一份焦虑，多了一份豁达；少了一份浮躁，多了一份魅力；少了一份迷茫，多了一份幸福。淡定的女人，拥有一颗强大的心灵，有了这种气度，再没有姿色的女人也会有耐人咀嚼的韵味，也有吸引人的魅力，抵达幸福彼岸的力量。

怎样才能保持一份波澜不惊的淡定呢？很简单，告诉自己即使事情不照自己的计划进行，地球也照样转，生活也会照样继续。这是必然会发生的，无论是成败与得失，都是珍贵的礼物，是组成生活的要素。

董鄂是一个活得非常淡定的女人，无论遇到多么糟糕的事情，孩子考试不及格、老公没本事，自己挨领导批评了，她每天都坚持快乐地生活着。每天的晨跑、早上升起的太阳、凉爽的晨风，在她眼里都是快乐的。

有朋友问董鄂："你为什么总是那么淡定？一整天都乐呵呵的呢？"

董鄂轻轻一笑，回答道："事情已经这样了，着急、紧张、郁闷……有什么用处呢？何况，孩子乖巧懂事，丈夫对我很好，我又没有下岗，为什么不快乐一点啊？快乐是一天，不快乐也是一天，当然要快乐，我们要享受生活嘛！"

接受生活所赐予自己的一切，珍惜自己已经得到的，不忌妒别人的成就，不躁进、不过度、不强求，内心不被悲哀占据，个人魅力也在这种无声的淡然一笑中散播开来，无形中就会给别人留下深刻的印象。

有句名言说得好，"淡泊人生，生命难得恬淡，难得从容。得之淡然，失之坦然"。对于女人来说，患得患失会让自己失去应有的美丽，从容淡定才能为你的人生装点无尽的亮色。

当然，保持一份波澜不惊的淡定并非消极地等待，更不是听从命运的摆布。它是凡事不必刻意强求，是一种顺应天命、随遇而安的人生态度，自己该做的都做了，实在不行也没有办法，只要自己问心无愧就行。

"由来功名输勋烈，心中无私天地宽"，如果你想成为一位真正的美女，就要学着摒弃贪心，学着"无为、无争、不贪、知足"，不过分在意得失，不过分看重成败，做到得之不喜，失之不忧，不惊不惧，不忧不恼。

排除外界的干扰，清楚自己最想要的是什么，如此，宁静平和的心境自然就有了，也就能够做到收放自如，纵情挥洒，如此，你的美势必与众不同、万人难敌，生命也便具有了更高的意义。

淡定一点，看轻身外之物，掌握得与失、取与舍之间的平衡。

淡定一点，不苛求，也不虚荣，一切随缘。

淡定一点，既敢大胆去爱、去奋斗，也守得住寂寞的等待……

给自己一个不抱怨的世界

少年从不会抱怨自己如花似锦的青春，美丽的年华对他们来说是珍贵的，哪怕它带着各式各样的风景。

——法国女小说家乔治·桑

当你和友人聊天，是否常会听到类似这样的声音："别提了，我每天就像个陀螺忙得不可开交，却得不到别人的理解"；"我们那个上司，为了自保，什么缺德事儿都干得出来"；"如果我老公能浪漫一点该多好，简直是个死脑筋"……

以上种种，无不充斥着人们对于自己身边的人或者事情的抱怨情绪。可是，抱怨的结果呢？无非是让自己越发痛苦不堪，让听者也跟着失去积极交谈下去的兴趣，而事实本身并没有任何改变。

有人说："人生是一块三明治，上下两层裹着幸福，中间的一层随你的口味。"你加进快乐，那么幸福会加倍；你加进抱怨，那么你本来可以拥有的幸福也会卑微到尘土里面，因为你的世界开始糟糕透顶。

更不幸的是，抱怨像毒品一样，会使人上瘾，让人养成遇事就抱怨、却从来不从自己身上找原因的习惯。抱怨对那些在精神上"立不起来"的人来说，作用如同一副轮椅，坐得久了，就忘记该如何走路，而一个人如果忘记了如何"走路"，他的人生又要如何继续呢？

祥林嫂是个苦命的女人，她的一生十分坎坷，结了两次婚，两任丈夫都因病去世了。唯一的儿子也惨死狼口。这一连串的打击让她心中满是痛苦，为了排解这种苦闷，她逢人就念叨自己的悲惨命运。起初，人们的确给予了她一些同情，但是后来乡里人开始厌恶她，甚至远远地看到她就躲开。再后来，东家鲁四老爷也开始厌恶她，先是不让她插手祭祀，后来一怒之下将她赶出了鲁家。祥林嫂流落街头，很快便结束了自己贫苦而悲惨的一生。

祥林嫂的死是封建制度造成的悲剧，但从她的身上我们也该看到一点：抱怨换不来他人的同情，只会让自己惹人厌烦，让人想要远离。况且，祥林嫂在没有抱怨以前，还是颇受人喜欢的。没有人愿意整天听一个人念叨生活的悲苦，自己的不幸。生活中有些人喜欢抱怨自己身体不舒服的经历，他们并不是真的生病了，只是在内心里有这样一种想法"病人总会得到他人的同情与关爱"。这一点不假，人都有恻隐之心，看到自己身边的人遭受病痛的折磨，显然会给予一点关心。但是，如果一味地抱怨，不掌握好"度"，那就只会招人反感。想要通过抱怨得到他人持续的同情，根本就是不可能的事。

当然，抱怨是人性中的一种自我防卫机制，要完全断绝的确很难。如果你觉得自己根本无法做到停止抱怨，那么至少应该在抱怨的时候提醒自己，这个抱怨只是暂时的出气宣泄，可作心灵的麻醉剂，但绝不是心灵的解救方。

事实上，在无法改变环境时，我们只能通过自己的努力来完善环境，如果很多事情没有办法改变，那就选择接受，选择适应，也许这一过程会充满艰辛，但是只要坚持，就一定可以到达最后的终点，迎来美丽的风光无限。

　　慢慢地，你就会知道，当你默默地在岁月中跋涉时，却发现痛苦也给你带来了可贵的生命品质，比如自尊，比如坚韧。或许这正应了一句话：累累伤痛是生命给你的最好的东西。

　　静宜是一个命运多舛的女人，谁都不知道刚过而立之年的她曾历经了多少的痛苦。然而，这个文静、清秀的女人却永远都在保持微笑。如今，命运之神似乎开始了对她的眷顾，而她也找到了属于自己的那份幸福。对于过去，静宜总是微微一笑，说："没什么，都过去了。对于我所有的经历，无论是痛苦还是快乐，我都同样珍惜。"

　　静宜的家乡是一个偏僻的山区，她从小就立志要靠自己改变命运，走出那片大山。辛苦读书十几年，成绩优异的她终于考取了一所不错的大学。但是就在四处奔走凑齐了学费的几天后，积劳成疾的母亲去世了。这个变故使得静宜不得不放弃了读大学的打算，她用瘦弱的身躯背起了简单的行李，来到了北京，从此过上了一边自学一边打工的生活。这样一过就是三年，生活的辛苦她熬得住，身体的病痛她也默默承受。从小就身体不好的她在这几年里严重地营养不良，居然又患上了肝病。更为让她痛苦的是，感情深厚的男友在得知她得了严重的肝病后居然带着她所有的积蓄弃她而去……她没有倒下，而是选择了坚强地生活下去。

　　现在，静宜的肝病已经痊愈，而她也通过了某大学成教的毕业考试，并且找到了一个真正爱自己的人。两人商定，结婚的日子，就是他们自己的小公司成立的日子……每当说起这些，静宜没有感慨，她只是说："苦也好，甜也好，这就是生活。痛苦的积累，也就是生命的意义。"

这是一个激荡人心的故事，一个年轻的女人，曾承受过多少的痛苦和苦难啊！但她依然坚强和乐观，依然保持着对幸福的向往和追求。她是对的，痛苦对于我们的生命来说也是一笔宝贵的财富，它和幸福、快乐一样都值得我们珍惜。

总而言之，我们要想让自己置身于理想的生活状态中，必须先优化自己的"主观环境"，战胜自己的"抱怨"。当面对环境的种种不如意时，我们也不要无谓地埋怨环境，而要主动乐观地创造条件并赢得支持。我们要告诉自己，生活在这个环境里，就要学会适应它，只有这样，我们才能为心灵找到最温暖的归宿。

做一个"乐活"的女人

女人最使我们留恋的，并不一定在于感官的享受，主要还在于生活在她们身边的某种情趣。

——法国思想家让·雅克·卢梭

近几年，在我们周围出现了一个经常被提及的新词汇——乐活。而追求"乐活"生活的一群人则被称为"乐活族"。乐活族是一个从西方传来的新兴生活形态族群概念，它的核心理念包括"健康、快乐、环保、可持续"，也就是，它强调人的身心双重健康，既注意饮食和环保，又注重个人心灵的保健，通过衣食住行方方面面的实践，希望自己有活力。

处在快节奏的当下，已有越来越多的美女们开始寻求这样一种生活方式。因为这是一种健康的、潇洒的、令人心生向往的生命状态。

可能有些女性朋友对此并不感冒，她们觉得不就是过日子嘛，什么乐活不乐活，跟自己没关系。

如果你也这么想，那么我们不得不说实在是太可惜了，因为有这样想法的女性，错过的不仅仅是一种生活方式，更是一种改变自己思想和行动的绝佳机会。

事实上，"乐活"是一种基于环保理念而出现的产物，它包含着深厚的文化内涵，即贴近生活本质，自然、健康、原生态的生活态度。再具体点说，乐活就是指在消费时会考虑到自己和家人的健康，有着对地球生态环境的责任心。

身为现代女性，承担着来自家庭和事业的双重责任和压力，既要做个好妻子、好妈妈，又要做个好员工，其劳累辛苦是可想而知的。

那些聪明的女性往往能够游刃有余于家庭和事业之间，她们在经营自己事业的时候，也认真经营自己的爱情和家庭。这样的女性无不让人羡慕和敬佩。可是她们是怎么做到的呢？

不用去讨论是什么巧妙的办法让她们达到如此美妙的境界，但有一点是可以肯定的，那就是她们懂得在日复一日的生活里，不断地去完善自己，同时保持平和的心态，面对生活和工作中的一切。这其实就是"乐活"的态度。

汪晓芸是个 33 岁的现代女性，长得不是很漂亮，但很会打扮，这为她的整体气质增色不少。

平时，汪晓芸在朋友、同事圈中的口碑也相当的好，大家都喜欢她开朗乐观的性格，妙语连珠的表达。

汪晓芸是个持"乐活"态度的女性，她从不刻意要求自己去减肥，但很注重营养的均衡性，也就不会肆无忌惮地吃一些女性都爱吃的零食等。

平时工作很忙，家里也有不少事需要她来处理。但汪晓芸并没有因此而放弃自己每年旅游两次的计划。她会利用"十一"长假和每年的年假外出旅游，旅行的过程让她感受到各地不同的风土人情，她还会拍一些照片留作纪念。对她来说，健健康康的身体和丰富多彩的生活比什么都重要。

由于经济不是特别宽裕，汪晓芸结婚近10年，仍然住在当初贷款购买的一居室中，但她并没有因此而艳羡别人的大房子，而是把旧房子重新装修了一下，将客厅隔成两间，一个作小客厅，另一个作孩子的卧室。

虽然房子不大，但每一个角落，她都收拾得干净整洁，整个家庭的格局也是充满了温馨的味道。

汪晓芸家有一辆3年前购买的"千里马"，但为了环保，她和老公通常都是乘坐公交上下班，只有周末出去玩或者办什么事情时才开车。

周围很多姐妹都对汪晓芸的生活状态感到羡慕，她们中有住大房子的，也有开豪车的，或者有着很好的工作的，但她们纷纷觉得单就生活状况来讲，谁都没有汪晓芸活得潇洒和滋润。

可以说，"乐活女人"的身上就像有一个强效的磁场，散发着极强的感召力。因为她们有着这样的幸福宣言：活在现在，乐在今朝。

这样的状态，是不是也足够让你羡慕的呢？那么，怎么才能拥有这样的状态呢？接下来，我们就来看看成为"乐活女人"的几点秘诀吧。

1. 健康是基础，无健康不乐活

我们大概都看到过健康是"1"，其他都为"0"的比喻。其实，对于一个乐活女人而言，健康同样是至关重要的那个"1"。

正如同喝酒的人常言杯里有乾坤一样，品茶的人也同样深谙这一杯中哲学。唐朝诗人卢全吟道："一碗喉吻润。两碗破孤闷。三碗搜枯肠，惟有文字五千卷。四碗发轻汗，平生不平事，尽向毛孔散。五碗肌骨清。六碗通仙灵。七碗吃不得也，唯觉两腋习习清风生。"从这些文字中，不难读出一种隐约于杯中的"乐活"之道：健康。

身为一个"乐活女人"，在关怀家人、享受生活的同时，更要懂得怎样让自己健康。她们不会刻意去减肥，让自己的身体受损，而是尽量选择多种多样的食品和蔬菜，同时避免高盐、高油、高糖。另外，她们还会选择一两项适合自己的有氧运动，比如慢跑、瑜伽等。有了饮食和运动做保障，健康的砝码自然就会重起来，这为乐活女人提供了最基本的"物质"保障。

2. 工作中不苛求，但会像对待朋友那样对待它

不可否认，如果仅仅为了工作而工作，肯定会让人备感乏味，甚至意志消沉。一个乐活女人通常是不会如此的，她们会尝试自己感兴趣的工作，哪怕是自己从未做过的事，不去担心能不能胜任，而是抱着重在参与的态度进行体验。她们会对工作为自己带来的特殊经历和感悟而倍加珍惜这份感受，因此在工作中她们会把工作当成朋友一样对待。其实这样反过来倒会让她们在工作中投入更多的乐趣和激情，工作效率也自然就升高了。

3. 善于发现自己的天赋

每个人都有一定的潜能，只是有的人被开发出来，而有的人没有被开发出来罢了。比如，同样是晨练，有的人跑一圈下来气喘吁吁，而有的人则相当轻松，这就说明后者有一定的"运动天赋"。平时，美女们要多注意发掘自己的天赋，或许你擅长运动，或许你擅长绘画，也或许你擅长跳舞，那么不管是什么，在时间和经济条件允许的情况下，尽量让自己投入其中，那样你会发现你会拥有更多的朋友，你的生活也会因此增添更多的光彩。

4. 保持阅读的习惯，让自己腹有诗书气自华

古人说："书中自有黄金屋，书中自有颜如玉。"书能带给我们的东西实在不少。所以，不要小看那一个个小小的汉字，一篇篇或长或短的文章，它们都能够给我们以启迪，帮我们提升素养，为我们净化灵魂。

除了我们说到的这几点，或许还有其他方面的内容可以帮助美女们成为"乐活一族"，只要你善于发现、善于总结，那么你就能找到让自己"乐活"起来的好方法。当你将这些方法付诸实践，那么你会很快发现，每天的心情是那样地清朗，自己的身影是那样地轻盈，生活是那样地五彩斑斓。

如此乐活女性，哪一个不心向往之呢？那么，你就赶快行动吧！

安心享受生活的每一天

如果没有出生在世，我就无法听到踩在脚底的雪发出的吱吱声，无法闻到木材燃烧的香味，也无法看到人们眼中爱的光芒，更不可能享受到因为自己的奋斗而带来的成功与快乐……能活在世间，是一件多么幸运的事啊!我为什么不尽情地享受生活的每一天?

——法国思想家让·雅克·卢梭

忙，现代女人的生活常态；累，现代女人的口头禅。放眼望去，世间太多女人为了换取生活保障而不停歇地工作，即便是衣食无忧也不停下自己的脚步，仿佛这才是印证自己活着的方式，尽管内心有个声音在不停地呼喊：我已经厌倦了。

或许，身边会有人提醒她们："不要为了生活而生活，要学会去享受生活。"可听到的答案往往是："我也愿意享受，可享受需要时间和资本。"有时间时抱怨没有钱享受，有了钱却又抱怨没有时间去享受，非要等到有钱又有时间，但谁敢保证那时候的自己还有一个可以享受的生命?

其实，享受生活的快乐与幸福，没什么固定的模式。享受生活是一种淡定、乐观的心态，是以正确的方式去创造生活，改善生活，获取想要的生活，而不是用所有的时间和金钱去换取什么，奢侈地消耗生活。

她叫包希尔·戴尔，眼睛几乎什么也看不见，可她的生活却很美好，丝毫不像人们所想象的那样糟糕。因为她有一个信念：不管是谁，只要来到了这个世界上，那就是合理的。她经常说自己相信有所谓的命运，可她更相信快乐，即便是在厨房的洗碗槽里，她也依然可以寻求到快乐。

包希尔·戴尔的眼睛，处于几近失明状态已经很久了。她曾在自己的著作《我要看》一书中这样写道："我只有一只眼睛，而且还被严重的外伤给遮住，仅仅在眼睛的左方留有一个小孔，所以每当我要看书的时候，我必须把书拿起来靠在脸上，并且用力扭转我的眼珠从左方的洞孔向外看。"尽管事实如此，可她不喜欢别人同情自己，更不希望别人把她当成一个异类。

当包希尔·戴尔还是个小女孩的时候，她渴望跟其他的孩子一同踢石子，可她的眼睛看不到地上所画的标记，根本没有人愿意带她玩。于是，她就等到其他的孩子都回家之后，趴在他们玩耍的场地上，沿着地上所画的标记，用眼睛贴着它们看，并把场地上所有相关的东西都默默记下来，那些标记慢慢就印在她心里了。之后不久，她神奇般地成了踢石子游戏的高手。

当别的孩子都走进学校的时候，包希尔·戴尔只能在家里读书。她总是先把书本拿去放大影印之后，再用手将它们拿到眼前，用几乎是贴到眼睛的距离看，每次她的睫毛都会碰触到书本。在如此艰难的情况下，她竟然获得了两个学位，一个是明尼苏达大学的美术学士，另一个则是哥伦比亚大学的美术硕士。

终于，在她 52 岁那年，奇迹发生了。那是 1943 年，她在一家诊所做了一次眼部手术，没想到这次手术让她的眼睛能够看到比从前视距 40 倍远的地方。当她在厨房里做事的时候，她觉得即便在洗碗内清洗碗碟，也非常令人激动。她说道："当我在洗碗的时候，我一面洗一面玩弄着白色绒毛似的肥皂水，我用手在里面搅动，然后用手捧起了一堆细小的肥皂泡泡，把它们拿得高高地对着光看，在那些小小的泡泡里面，我看到了鲜艳夺目好似彩虹般的光彩。"

当她从洗碗槽上方的窗户向外面看去的时候，出现在她眼前的是一群灰黑色的麻雀在下着大雪的空中飞翔。她是那样愉快、那样忘我地观赏着肥皂泡泡和窗外的麻雀，她在书中的结语中写道："我轻声地对自己说，亲爱的上帝，我们的天父，感谢你，非常非常地感谢你！"

看到包希尔·戴尔的故事，相信很多抱怨"没时间和资本享受生活"的女人都会感到羞愧，因为自己已经生活在一个美好的乐园里了，自己却蒙上了双眼，没有去欣赏和享受。

其实，用心体会，就会发现生活中许多有价值的事情值得去做，许多美丽的过程应该去感受，只要自己不去充当不高明的乐手，扭曲着生命与生活的旋律，甚至在不经意间扮演了生活的刽子手，扼杀了生命的颜色、生活的芬芳。

作家吴淡如说过这样一段话："当我发现一个人的我依然会微笑时，我才开始领会，生活是如此美妙的礼物。喝一杯咖啡是享受，看一本书是享受，无事可做也是享受，生活本身就是享受，生命中的琐碎时光都是享受。"

我们每个人都在路上，偶尔可以停驻，偶尔可以休憩，可最终还是要继续走下去。谁也无法知道明天会发生什么，下一站出现的风景是什么，结局永远都在努力过后，都在体味其中的酸甜苦辣之后。完美也罢，失望也罢，结局只是一瞬间的事，而最深的那段体验则在路上。做一个淡定行走人生的女人吧！走过生命之旅，不管最后是欢乐与悲伤，只愿蓦然回首的那一刻可以笑着说道，无怨无悔。

在心间种一棵"忘忧草"

凡事只要看淡些，就没有什么可忧虑的了；只要不因愤怒而夸大事态，就没有什么值得生气的。

——俄国作家伊凡·谢尔盖耶维奇·屠格涅夫

万花筒一般的世界里，有多姿多彩的幸福，也有忧郁黯淡的时光。若没有一颗淡定从容的心，没有一份超然物外的洒脱心境，就只会任由忧郁无限地扩大，慢慢吞噬掉所有的幸福。

安安在一家保险公司做经理助理。这家公司的氛围很积极、很阳光，每天晨会都会激励员工，让大家充满激情地开始新一天的工作。周围的同事们，每天都快乐着，闲暇的时候会讨论吃什么，周末到哪儿去玩，沉默寡言的安安对此却没有丝毫兴趣。她不爱与同事交谈，总是一副冰冷冷的样子，每天沉浸在自己的世界里，周围的人慢慢疏远了她，她却浑然不知。

每天下班回到家，安安都觉得眼睛酸胀，双腿也有点浮肿。原本，这是上班族的通病，可她想得却有点多：生活怎么如此艰难？工作怎么如此机械？我到底在追求什么？她对生活有过太多的设想，虚幻的网络环境让她憧憬着美妙而诗意的生活，可现实中不是童话，她不愿意面对，也不愿意接受，只是沉浸在小伤感中不能自拔。这样的日子，过了一天又一天，每天晚上她想着想着都会忍不住流泪。大概是忧郁成了习惯，她的眼泪越来越多，心灵也变得越发地脆弱。

生活无法永远按照我们预定的方向行使，但也正因为有了未知，生命才变得有意义。谁都会有不完美的地方，谁都会遇到不顺心的事，如果都像安安一样钻牛角尖，不肯敞开心扉，始终让心灵藏在阴暗的角落里，那么这一辈子都很难快乐了。倒不是因为她的人生路上有太多不幸，只是因为她把目光锁定在了"不幸"上，忽视了那些幸运的事情。

就像黑夜总与阳光同行，快乐总与痛苦相伴，如果能多关注一些美好，生活中就会充满开心和阳光；如果死死盯着痛苦，生活就只有不幸和抱怨。淡定的女人，会选择最从容的活法，不管遭遇什么，随时都准备放自己一马。她们深知，幸福不是外界环境创造出来的，它是从内心深处散发出来的。

记得著名诗人安瓦里·索赫说过："让世俗的万物从你的掌握之中溜走，不必去忧心，因为它们没有价值；尽管整个世界为你所拥有，也不必高兴，尘世的东西只不过如此；我们该从自己的心灵之中找归宿，快乐一些，万物有价值。"所以，身处喧嚣与浮躁之中的女人，不妨学着在心里种一棵"忘忧草"，让它过滤掉抱怨，赶走忧郁，为心灵带来芳香与快乐。

忘忧草，可以是一本日记。当你感到沮丧的时候，就把那些压抑的心情写下来。你可以把心烦的事大书特书，反正别人也看不到，只要自己舒服就好。宣泄过后，你会有如释重负的感觉，反过来再看自己刚刚的"奋笔疾书"，或许你会淡然一笑，把坏心情和那本日记一起锁进抽屉。

忘忧草，可以是一封信。如果写日记是自我倾诉，那么写信就是向他人倾诉，每个人都需要朋友，都需要安慰，只要勇敢地打开心扉，朋友也会尽量帮你分担坏心情。

忘忧草，可以是一场电影。沮丧的时候，看看《幸福来敲门》，别人的幸福之路或许也能引领着你找到自己的方向；失恋的时候，看看《他没那么喜欢你》，让自己看清事情的真相，早点走出过去的阴影；累了的时候，看看《怦然心动》，两小无猜的温情故事或许能给疲惫的心带来一丝安宁……

忘忧草，可以是一段音乐。多年前，有一首歌就叫《忘忧草》："美丽的人生，善良的人，心痛心酸心事太微不足道，来来往往的你我遇到，相识不如相望，淡淡一笑。忘忧草，忘了就好，梦里知多少，某天涯海角某个小岛，某年某月某日某一次拥抱，青青河畔草，静静等天荒地老……"静静地坐在床前，聆听这样的音乐，舒缓的旋律定能够抚慰你那颗慌乱的心。

忘忧草，还可以是转移情景。走出狭小的世界，到外面漫步散心，让优美的景色和新鲜的空气冲淡内心的烦躁与不愉快；离开令你伤心烦恼的地方，做一些有兴趣的事，参加一些集体活动，在欢乐中摆脱忧郁的阴影。

如果你今天早上醒来时还算健康，那么你是幸福的，因为有一百万人将活不过一个星期；如果你不曾经历战争的危险，那么你比5亿人还好命；如果你有食物吃、有衣服穿、有地方住，你比全世界70%的人还富有……想到这些，你会发现，其实幸福不难也不贵，只要心中有一棵"忘忧草"，每个女人都可以从从容容地过一生。

百年等待，只为一次花开

一生至少该有一次，为了某个人而忘了自己，不求有结果，不求同行，不求曾经拥有，甚至不求你爱我，只求在我最美的年华里，遇到你。

——席慕蓉

《基督山伯爵》中，有一句令人刻骨铭心的话："人类的全部智慧都包含在这两个词中：等待和希望……"有时候，苦苦地等待，只是为了奇迹的出现，只是静候人生之花绽放的那一天。

世上有一种叫作普雅花的植物，生长在南美洲安第斯高原海拔 4000 多米人迹罕至的地方。它的花期只有短短的两个月，花开时却美艳至极，花谢时也是极尽荒凉，整个花株都会随之枯萎。可是，很少有人知道，为了这短短的两个月花期，普雅花要等上整整一百年。

用一百年的时间，等待短短两个月的绽放，值得吗？普雅花从未思考过这个问题，它只是静静地伫立在高原上，默默地吸收着阳光的能量，默默地汲取大地的养料，努力营造自己的那一次绽放。它等待了一百年，用百年一次的花开证明自己生命的美丽与价值。

有时候，女人就像普雅花一样，为了生命中最美丽的一刻，坚定地等待着。等待失散多年的亲人们，等待杳无音信的朋友，等待离家许久未曾归来的孩子，等待一个展示自己的机会，等待一份让自己怦然心动的爱情……在没有达成心愿之前，她们把希望寄托于未来。等待教会女人如何取舍，让女人在独自徘徊的时候了解苦等的价值。即便没有结局，但至少还有一个过程。

她的母亲曾是一名优秀的军医，在她刚刚考上高中的时候，母亲却因为一次意外，右手受伤，从此告别了手术台。自那时起，她就立下了一个心愿：考上某军医大学，继续母亲从前的事业。

可是，天不遂人愿。她屡次高考都未能达到那所大学的录取线。母亲把这一切都看在眼里，也劝她适可而止，读其他的医科大学也一样。她说："不，我就要进那所大学，因为您是从那里出来的，这是我最大的心愿。这次考试我发挥得不好，我还可以等下次，只要坚持，我一定能考上。"母亲叹了口气，没再多说什么。要知道，这已经是她复读的第二年，第三次参加高考了。

无奈之下，母亲只能让她继续补习。其实，她的成绩很优异，若不是为了进入那所心仪的军医大学，她应该是个"大三"的学生了。眼看着与她同龄的女孩子，都临近大学毕业了，可她还在高考大军中日夜奋战着。

第四次高考，很多人觉得她应该会如愿以偿了。因为上一次高考，她只差了两分。可惜，这一次她又落榜了。家人劝她放弃，退而求其次，她不应。外面的那些指责和嘲笑，她也不介意。为了自己的心愿，她又一次走进了复读的课堂。

终于，皇天不负有心人。这一次，她如愿以偿地迈进了某军医大学的校门。她走进大学的那一年，很多同龄人都开始找工作了。但她并不后悔，她努力学习，之后一直读到了博士。那时，她的很多大学同学都已经结婚生子，生活和工作也稳定了下来。他们觉得，没必要非要读到博士，有了现在的文凭，以后努努力，也是一样的。面对别人的质疑，她淡淡一笑。

博士毕业之后，她以自身的能力被一个一线城市的军医院选中，成了一名大夫。在那里，她还邂逅了自己人生的另一半，并与之结为连理。她那些昔日的同窗们，尽管很多人都比她先走进社会，可他们却还在为房贷发愁，为工作不稳定叹气，为自己的文凭贬值烦恼，而这一切，女孩在一次又一次等待和坚持中，都已经得到了。

事例中的女孩很年轻，却有一颗不浮躁的心。不管是面对一次次的失败，还是家人的反对，或是周围人的质疑与嘲讽，她都坚守着自己的方向，凡事没有到位，她宁愿寻找机会等待下一次的成功。在逆境中蜕变，在苦等中坚强。

当然，生活不是童话，不是所有的等待都会有结局，也不是每个结局都合乎自己的期望，那么完美。等待，就好比一部开放性结尾的小说，作者是自己，但结局却不由自己决定。你只是完成它，结局可能在我们的设想之中，也可能在设想之外。很多人的苦等，终究还是竹篮打水一场空。这种等待，恐怕是最让人难以接受的。

王宝钏寒窑苦等远征的丈夫 18 年，这个故事早已为人们耳熟能详。试问：一个女人有几个 18 年？王宝钏，在她人生最美好的光阴里，忍饥挨饿，挖野菜度日，没有精神愉悦，更没有物质享受，生活可谓是毫无乐趣。可她尝尽了世间的万般苦难后，换来的却是刻骨铭心的伤害。

她的丈夫从军后被敌人俘虏，后又被招为驸马，就此过上了幸福的生活。一个男人毕生追求的东西，他都拥有了。可在家乡苦苦等待他的良人，衣不蔽体，食不果腹，以为自己找到了终身的依靠，却误了终生。他确实成了气候，但不属于她，她牺牲了自己，可这种伟大却成了浪费。

整整18年之后，薛平贵回来了，与王宝钏夫妻相认，她与代战公主共事一夫。可惜，18天后，王宝钏死了，她没能让这种"美满"进行得长久。

王宝钏在离开这个世界时，不是愿望得偿后的含笑合眼，而是发现自己坚守的信仰碎了。虽然在过去18年的漫长等待中，她一直唱着独角戏，她的等待是痛苦的，却不荒谬，因为她心中有爱，她坚守着最真挚的感情。结局不尽如人意，但人们都会感叹王宝钏的忠贞，而鄙视薛平贵的无情，王宝钏那漫长的18年的等待，就是她对自己的爱情的最好注解。

有人把等待比喻成一个空心的圆，即便它里面是空的，也不影响它存在的价值。女人啊，静心守候你认为值得的一切吧！不管之后的结局如何，都无愧于守候的那些岁月。若是美好，叫作精彩；若是糟糕，叫作经历。至少这漫长的等待，会造就你一颗淡定的心，让你超凡脱俗。

春去春又来，花谢花又开

时间总会过去的，让时间流走你的烦恼吧！

——佚名

活在都市中，面对纷繁复杂的生活，我们会遇到太多的困扰，有时一时间也理不出头绪。有些人纠缠其中不能自拔，所以生活就有了那么多的烦恼、不快、痛苦。事实上，我们最需要的是持有一种淡定的态度，因为世界上没有什么是永恒的，也没有什么是不可改变的，时间是岁月的手，翻云覆雨间改变着生活！

的确，很多原来看来一成不变的事情会随着时间的推移出现前所未有的变化，很多先前久久不能释怀的情感会在慢慢地沉淀中找到注解。所以，凡事千万不要偏激、想不开，不妨把一切交给时间。时间永不停止，人世间所有的痛，包括生离死别，有一天都会被时间静静风干，相信时间。

伊莉原本是一个幸福的女人，可是有一段时间里倒霉的事情接踵而至，她的丈夫因病去世了，不久她的儿子又坠机身亡。一连串的打击让她的心都碎了，她不知道今后的路自己能否坚持走下去，整日郁郁寡欢。后来，她因过度怀念丈夫和儿子在世的岁月，由怀念而生悲痛，结果病倒了。

了解到伊莉的病情和生活情况后，主治医生对伊莉说："你的病情太严重了，需要长期住院治疗。但是你又没钱……我看这样吧，从现在开始，你可以在本院做零工，每天打扫病人的房间，以赚取你的医疗费用。"反正没有比这更好的活法了，而且就目前的情况来说，自己似乎根本别无选择。于是，伊莉开始手握扫帚，每天不停地忙碌着，将医院的角角落落打扫得干干净净。

时光飞梭，渐渐地，伊莉发现自己不再那么怀念丈夫和儿子了，内心也恢复了平静。寂寞、担忧被驱除了，伊莉的身体也就好了起来。三年的时间里，由于经常接触病人，伊莉对病人的心理也了如指掌，后被院方聘为陪护，再后来，伊莉还成为该医院的心理咨询师，她觉得自己新的人生要开始了。

看到了吧，时间是医治一切创伤的"良药"。很多时候，当下那个我们以为迈不过去的坎儿，一段时间之后回过头看其实早就轻松跳过；当下那个我们以为撑不过去的时刻，其实忍着、熬着也就自然而然地过去了。

春去春又来，花谢花又开。时间，让深的东西越来越深，让浅的东西越来越浅。时间的最大魔力就在于让人在面对一切已知的和未知的困难时都毫不担心，莫名地相信它会给一切事情一个最美好的答案，如此淡然的态度往往能够解决很多问题，这就是将一切交给时间解决的理由。

有一位大公司的经理，常常收到代理商的投诉信。这些投诉通常无法解决又不宜拒绝。他的应付方法是，把信塞进一个写着"待办"字样的文件柜。他说："应该立刻予以答复，但我明白，如果答复就等于和他争辩，争辩的结果不外是对人说'你错了'，这样不如索性暂时不处理。"事情的最后结果如何？他笑着回答说："我每隔一段时间把这些'待办'的信拿出来看看，又放回文件柜去，其中大部分信件在我第二次拿来看时，里面所谈的问题都已成为过去或已无须答复。

把一切交给时间，这不是消极，而是一种历练后的生活智慧。

总之，如果你要做一件事，而这件事的名字叫作忘记，那么时间就是最好的助力；当你不得不忘记，却又无能为力时，时间是最好的助力；当你作不了决定，左右为难，徘徊徜徉时，时间就是最好的解药。总有一天，一切都会有答案。如果你正逢生命难关，别泄气，时间会帮你抚平伤痛的。

时间是医治一切创伤的"良药"，请耐心地等待。春去春又来，花谢花又开，时间会带着你所要的安宁，在路上。把一切交给时间吧，且闲庭信步，看花开花落。

第七章

不尚虚华，最喜那细水长流的绵长

以 一 种 宽 厚 的 情 怀 去 爱

女人的气质来自于内心的一种成熟，成熟女人的优点是懂得宽容和关怀，会用含蓄的温柔温暖人心，用宽厚的情怀来理解爱，让爱在平淡中走向坚固和永恒，犹如细水长流绵延不断。这份成熟散发着一种迷人的气质，如同美酒佳酿，愈久愈香，令人尤其是男人为之倾倒，为之沉醉……

"女人味"里的美妙味道

女人有她温柔的空气，如听箫声，如嗅玫瑰，如水似蜜，如烟似雾，笼罩着我们。她的一举步，一伸腰，一掠发，一转眼，都如蜜在流，水在荡……

——朱自清

在对女人的评价，或者说赞美中，我们常常会听到"漂亮"、"美丽"等词。其实还有一个词的出现频率也颇高，那就是——有味道。

相比较而言，漂亮和美丽是对女人外在的一种欣赏和认可，而有味道则是一种对女人由内而外散发出来的神韵的赞叹。也就是说，在对女人的赞美词中，"有味道"显然是比较耐人寻味的一个词。

这里的有味道显然指的是女人味，那么，到底什么是女人味呢？怎样才能做到有女人味呢？

的确，女人味是一个比较难定义的概念，也是一种不太好用语言表述的美丽。因为它不像容貌俏丽、身材苗条那样一眼就能让人看到，也不像才高八斗、学富五车那样可以用一定的标准来评判。套用一句歌词，女人味真是

"像雾像雨又像风"，它是无形的，是只能用心去体会和感受的。

容貌可以天生丽质，但女人味却绝不是与生俱来的。这种美源于对生活的感悟，对人生的理解，来源于她处世的姿态。正是这些，让女人在不断地成长与领悟中历练出来独特的味道，拥有了不俗的内涵和神韵。

如果说人们会因为漂亮的女人而领略视觉上的美感，那么有味道的女人则能够让人从心里觉得值得回味。而一个能够让人回味的女人，常常有着幸福的人生。

青年时代的冯涛是个吊儿郎当的人，做事不着调，换女朋友也跟换衣服似的，很是随便。

然而几年后，周围的朋友们发现冯涛大变样了，特别是结婚之后，他成了一位负责任、有担当的丈夫，家庭成了他的生活重心。这在几年前，简直是不敢想象的事。

是什么让冯涛"浪子回头"的呢？

原来，给他带来巨大改变的，正是他现在的妻子——刘力扬。从认识刘力扬开始，冯涛就感觉她和别的女孩有所不同。她虽然没有美丽的外表，也没有过人的才能，但她身上有着一种独特的味道。

当时，刘力扬在一个民营企业做行政职员，平时喜欢穿白色衬衫和及膝短裙。她很喜欢笑，嘴角总是呈上翘的姿势，让人看了就没有距离感。同时，刘力扬还是个直觉敏锐的女孩，很懂得察言观色，并能很容易地看透人的心思。起初，冯涛还像同其他女孩交往时那样撒个谎什么的，但总是瞬间就被刘力扬识破。虽然这让冯涛不那么容易蒙混过关，但这也让他感觉到了这个女孩的不寻常。为此，他对刘力扬更是增加了几分欣赏。

因为刘力扬喜欢笑，又总是有着孩童一般的纯真，再加上她"识破人心"的绝活，冯涛渐渐地便拜倒在她的石榴裙下了。

冯涛觉得，和刘力扬在一起，自己很放松，毫无精神负担。为此，冯涛还经常哼唱那首歌："春风再美比不上你的笑，没见过的人不明了。"这的确是发自他心底的声音，因为冯涛觉得刘力扬为他带来了春风般的味道。

刘力扬也沉醉于冯涛的帅气、幽默和机灵，二人互相产生了好感，一年后便步入了婚姻的殿堂。直到现在，他们生活得非常幸福。

故事中的刘力扬因为独特的味道吸引了放荡不羁的冯涛，并使他收敛性情，成为一个负责任的好丈夫。由此我们不得不承认，女人的味道在一定程度上是起着决定性作用的。

有一部关于女性与婚姻的电视短片，其中有位女嘉宾评价有味道的女人："就像我们去买包子，看外表都差不多，但细细感受的话，我们就知道这个包子里面有没有肉，女人也是如此。"

可以说，一个有味道的女人能够在生活中散发持久的芳香，让周围的人心旷神怡。当然，就像没有两片相同的树叶一样，世上也没有完全相同的女人。不同的女人，其味道也是不同的，也就是说，每个女人的味道都是独特的。如果你遇到一个人说你和某某很像，那么听听也就罢了，不要太相信这样的表述。因为你有自己独特的味道，这味道，只属于你。

最是那一低头的温柔

女人的温柔就像是一只纤纤细手，能使冰冷的心变得炽热，能使受伤的心灵重归幸福的平静。

——佚名

很多人都看过韩国电影《我的野蛮女友》，在这部片子最流行的时候，不少女孩纷纷效仿，感觉这样很酷，只是这种"野蛮"只能作为生活中的调剂品，永远无法成为必需品，因为这样的女人不仅会惹得周围人的怨愤，甚至还让人感觉你没有"女人味"。毕竟，不管时代如何变换，只有柔情似水的女性才最打动人心，也唯有这样的女人才是最明智的。

对男人而言，女人那娇羞传情的眼神，恍如冬日的一抹红霞，让男子一次次恋恋不舍；那柔若无骨的身姿，又仿佛是江南四月的春光，让男子一次次沉醉不起；而女子那梨花带雨的盈盈欲滴芙蓉面，更是像一根轻柔的羽毛，轻轻地落在了男子心灵深处的湖心，引起了一片又一片的涟漪……

《红楼梦》中有这么一句台词，"女儿家都是水做的骨肉"，一语道尽女人柔情似水；不仅如此，黑格尔曾在《美学》中谈道，"女人是最懂得感情的，一般说她们是秀雅温柔和充满爱的魔力的。"

对女人来说，这种与生俱来的温柔特质来源于性格中的弹性元素，因此，在生活中，性情温柔的女性更能得到别人的喜爱，这种女人也会因此而获得幸福。这不仅仅表现在日常生活中，比如女人为爱人轻轻端来的一杯热茶和亲手编织的一件温暖的毛衣，还表现在她在处理一些危机事件上的一些大智慧。

我们都听说过这样一句话："男人是山，女人是水。"实际上看似刚强无比、有泪不轻弹的男人，在很多时候更希望得到别人的抚慰和关切，因此，温柔的女人更容易得到男人的倾心，这大概和所谓的"恋母情结"也有一定关系。

既然柔情似水的女性更有吸引力，温柔的力量也如此不可小觑，那么一些显得不太温柔或不知道如何才能变得温柔的女性，该如何改善自己的气质，让自己拥有这把万能钥匙呢？接下来，我们首先来看看女性的温柔究竟体现在哪些方面。

1. 言语温和

温柔的女性在遇到不顺心的事情时，一定不会火冒三丈、暴跳如雷，而是选择以柔克刚，用太极推手的方法解决所遇到的问题。这个时候，百炼钢也能被化作绕指柔，因为只是轻柔的一句话就能将别人的敌意化为无形。

2. 细致周到

尽管说"大行不顾细锦，大礼不辞小让"，但能够真正打动人心的往往就是细节之处的无微不至，因此，有些看似不经意的举动，常常能起到"润物细无声"的效果，而这也显示出女性对于周围人的真正关心，让人感到窝心的温暖。

3. 富有同情心

温柔的女性对人对事都会抱有美好的愿望，希望关心和帮助他人，这也许是因为女人更有悲天悯人的情怀，愿意给予弱小的人群力所能及的精神和物质关怀。这种善良和同情心，不仅会让他人深为感动，更会给她们带来良好的回报。

4. 通情达理

温柔的女性一定是通情达理的，谁也不会承认哪个蛮不讲理的女人是温柔的。在日常生活中，温柔的女性对人一般都很宽容，绝不会因为某件事不如意而让人难堪，这种通情达理不仅能彰显女性魅力，让人觉得你脾气很好，更能显示出你良好的修养和完美的气质。

最后，我们一起重温一下徐志摩的诗："最是那一低头的温柔，像一朵水莲花不胜凉风的娇羞。"

在我们眼中，温柔而娇羞的女子是一幅美丽的画面，让人目醉神迷。不管是男人还是女人，我们都心甘情愿地陷入这温柔的"陷阱"里，从此长醉不醒。

心若美丽，粗茶淡饭也幸福

一杯美酒，一卷诗书，地狱于我亦是天堂。

——波斯大诗人俄默·伽亚谟

如今，越来越多的女性开始不再相信爱情的"力量"，哪怕她正陷入热烈的恋爱中，脑海里却依然时不时地冒出一个念头：他没有钱，没有房子，没有车，嫁给他会幸福吗？我真的要嫁给他吗？

不是因为她不够爱，只是因为周围的环境、周围的人，在无形中给了她一种暗示：嫁个有钱人，才算是嫁得好。否则，你要多奋斗几十年，你会过得很辛苦。于是，嫁给有钱人，几乎就成了"嫁得好"、"幸福"的标准。可是，婚姻真的可以用金钱来衡量吗？有了金钱就真的可以幸福吗？

贫穷的生活会给婚姻生活带来烦恼，常言道："贫贱夫妻百事哀。"幸福的婚姻需要一定的物质基础，如此才能够生存、发展。若是以天为被，以地为床，供养不起孩子上学，甚至连过日子都成了难题，那可想而知，谁也不会觉得幸福的。有一定物质基础总是会给婚姻带来更多的满足感，但这不是绝对的幸福保障，在婚姻中，感情才是必需品。因为在这个世界上，用钱可以买来很多东西，但唯独感情是买不到的。纵使有再多的金钱，如果没有感情，金钱也只是一堆废纸而已。若是只为了金钱，选择一段没有感情的婚姻，那无疑是把自己推向了万丈深渊。一辈子的时间不短，谁也不敢保证为了维持物质生活，可以凑合几十年。

有个年轻漂亮的美国女孩在网上发表了这样一个帖子：

我想嫁给有钱人！本人25岁，有令人惊艳的美丽，有品位修养，想嫁给年薪50万美元的人。不要说我贪心，在纽约年薪100万才算是中产。本人曾经约会过的人中，最有钱的年薪在25万，我渴望住进纽约中心公园以西的高档住宅区，这个年薪远远不够。

之后，有一个华尔街的金融家回帖给她。他说："抛开细枝末节，你所说的其实是一笔简单的'财''貌'交易，你提供漂亮的外表，对方出钱。可是，你的美貌会随着时间消逝，不会一年比一年漂亮；而我的钱却不会平白无故地减少，甚至我的收入还可能不断增长。别忘了，年薪能超过50万的人都不是傻瓜。"

契诃夫这样说过："人生的快乐和幸福不在金钱，不在爱情，而在真理。即使你想得到的是一种动物式的幸福，生活反正不会任你一边酗酒，一边幸福的，它会时时刻刻猝不及防地给你打击。"

一个在婚姻中太在意金钱的女人，很难拥有幸福。一双被金钱蒙蔽了的双眼，又如何看得清楚谁才是值得爱的人呢？婚姻是朴实无华的，也是需要用感情来维系的，只有金钱是不能完全保证婚姻幸福的。美好的婚姻，不一定两个人都要很有能力，即使所挣的钱只够生活必需，只要夫妻恩爱，他们的婚姻也会很幸福。

有一对平凡的夫妇，两人同龄，在同一所高中任教、结识、结婚、生子，也几乎一起退休。在婚姻路上，他们携手共度了人生50年。他们在90多岁的时候，一起出版了一本书，将他们人生中的点点滴滴都记录在其中。有人说，这是一部时代史，也有人说，这是一部爱情史。这对夫妇，一生没有多少金钱，他们与多数普通人一样，忙忙碌碌地过了一辈子。可是，他们之间相濡以沫，经历了无数次的风雨后，依然紧握着彼此的手。在茫茫人海中，能找到一个懂自己、怜自己、愿与自己共度一生的人，实属不易，而他们的婚姻却在风平浪静中走过了半个世纪，他们依靠的，就是那份实实在在的感情。

从年轻时的相知、相恋，到步入婚姻的殿堂，再从中年慢慢走入老年，平淡的日子里，看每天的日出日落，无数次牵手走过那熟悉的岔路口，他们珍惜的是彼此间的情谊，还有那份实实在在的踏实感和幸福感。

学会做个聪明的女人吧！不要把金钱看成幸福婚姻的绝对条件，没有金钱我们可以与心爱的人一同努力，把生活变得更好，可是如果没有爱情，那是无论如何也将就不来的。唯有不做金钱的奴隶，才能知晓内心真正的需求与渴望，才能够切实地用心把握婚姻的根本。

有爱就有回报，这是彼此的责任

美满的婚姻就好比一笔异常丰厚的退休金：盛年时，你将一切所得放入其中，经年累月，它便会从白银变成黄金，再从黄金变成白金。

——英国哲学家、教育家杜威

曾经听过这样一则寓言故事：

村里有个年轻人，养了一只羊。年轻人走到哪儿，就把羊牵到哪儿，总是他在前，羊在后。不过，羊对于脖子上的那根绳子并不反感，它似乎很愿意让年轻人牵着自己。

一天，有人对年轻人说："我敢打赌，这只羊跟着你到处走就是因为你用绳子拴住了它，它绝对不是心甘情愿跟着你的。"年轻人不相信，就把拴羊的绳扣解开，丢开羊独自向前走去。被解开的羊起初在原地站了一会儿，当它看到年轻人径直离去的时候，羊"咩咩"地叫了两声，连忙追上年轻人，跟在他后面走。

挑事儿的人见此情景便不再多说什么，旁边的人都夸那只羊有灵性，纷纷追问年轻人是怎么做到的？年轻人说："我每天给它饲料和水草，精心地照顾它。拴住羊的不是绳子，而是我对它的那份关爱之情。"

羊对年轻人的依恋是发自内心的，而不是靠绳子的捆绑被动地跟随着主人。如果把羊比作男人，那么牢牢抓住他的不是婚姻，而是女人发自内心真挚的爱。有爱就有回报，这是彼此的责任。绳子只能一时拴住"羊"，要想永远地拴住"羊"，还需要爱。

他是一个画家，他与她在火车上邂逅。她坐在他对面，他一直在画她，当他把画稿送给她的时候，他们才知道彼此同住在一个城市。一个月后，她认定了他就是自己的另一半。就在那一年，她嫁给了他，她如同实现了一个美丽的梦想。然而，婚后的生活却像是划过的火柴，擦亮之后便逐渐黯淡。

他不拘小节，不擅交往，崇尚自由，喜欢无拘无束地生活。虽然她乖巧得像一只羔羊，但他仍然觉得婚姻束缚了他。他们依旧相爱，而且他品行端正，从不拈花惹草。她忍痛和他离了婚，只是带走了家门的钥匙。她不再管他的头发是否蓬乱，不再管他是不是彻夜未眠，不再管他到哪里去，或是和谁在一起，她只是一如既往地去收拾房间，清理那些垃圾。而他呢？习惯了她偶尔地光临，而且他比当初更爱她，烛光晚餐、远足旅游、玫瑰花床，她在恋爱和婚姻中没有享受过的，而现在这一切又重新属于她。他们和夫妻没什么两样，除了那红色的结婚证变成了墨绿的离婚证。

后来，他成了有名的艺术家，一张张画稿变成了一打打钞票，她帮他经营、管理，他们一直那样生活着，直到他被确诊为癌症晚期。

弥留之际，他拉着她的手问她，为什么会一生无悔地陪着他。她告诉他，爱比婚姻长得多。婚姻结束了，爱依然还在，所以她才会守候他一生。

爱比婚姻的长度要长，婚姻结束了，爱还可以继续，爱不在于有无婚姻这个形式，而在于内容。一位作家曾说过这样一段精彩的比喻："爱情在尘世上走，犹如野马在草原上游荡，需要一条缰绳把它牵回家。或许是上帝偏心，或许是男人粗心，这根缰绳攥在了女人手里。"

的确，上帝把世界交给了男人，把家庭交给了女人，好男人努力改造世界，好女人努力净化男人。对于一个女人来说，如果能够将婚姻驾驭好，这也算人生的一大成就。不过，驾驭并不是赶马车，只凭借鞭子和吆喝声让车前进。鞭子无法驯服男人，刻薄的指责也只能让男人变得更冷漠。唯有爱，才是真正能够拴住男人的缰绳。

生活中，有人上演着聚散匆匆的故事，有人体味着相扶到老的温情。素素和丈夫结婚15年了，两人恩爱如初。女友们见到素素，总免不了会说："你是怎么制伏你老公的？他事业做得那么好，人长得也精神，一直对你死心塌地，真是难得！"听到这些话的时候，素素总是会心一笑，只有她知道是什么拴住了丈夫的心。

其实，就在素素和丈夫结婚的第三年，丈夫就有了外遇。那个女人是丈夫的初恋，当初她为了出国，不惜与丈夫断绝往来，跟随他人到国外陪读，无奈最终被人抛弃。丈夫对初恋的感情很深，于是在那个女人回国之后他们重温旧梦。就在素素准备"成全"他们的时候，丈夫却查出了睾丸癌……一场外遇风波因为突来的疾病平定了，而素素的心里却很不是滋味。她本想一走了之，但一日夫妻百日恩，她不忍心看到丈夫孤零零地一个人面对病魔。素素决定，要陪着他一起治病。幸好丈夫的病发现得及时，医生表明治愈率很大，这坚定了素素的信心，更给了丈夫面对生活的勇气。

上帝眷顾热爱生命的人，经过近两年的治疗，丈夫最终战胜了可怕的病魔。当医生告知他们这一喜讯的时候，丈夫突然在素素面前失声痛哭。他觉得自己对不起素素，而素素宽容地原谅了他，因为她爱他，所以不离不弃。从死亡线上走过一遭的丈夫也像变了一个人，他对生命表现出了从未有过的热爱与珍惜，立志要在自己的工作领域成就一番事业。

一转眼，十几年过去了。素素的丈夫已经有了一家属于自己的小企业，尽管工作很忙，应酬很多，但他每次出差回来都会给素素带一份礼物。外面的世界依然精彩，但他的心已经很平静，不会轻易地荡起涟漪，因为再美丽的风景也抵不过家里的贤妻，再有诱惑的瞬间之情也比不过妻子的真挚之爱。

婚姻不是最牢固的绳索，素素和丈夫结婚后仍然面临着第三者的危机。但是，素素用自己那一颗诚挚的心和一份不离不弃的真情感动了丈夫，用爱换回了他的心。爱，就如同一条无形的绳索，永远会在爱人受难的时候成为救命的稻草。

不管夫妻之间发生了什么，如果还想继续生活在一起，还在意彼此，那就没什么解决不了的难题。只要有爱的付出，再大的困难都能一起蹚过。幸福其实并不遥远，只要有一份爱的牵挂，所有的一切都会充满意义；拥有了一份爱的牵挂，也就会有拼搏的勇气和动力。当我们总想着要为所爱的人做点什么的时候，我们的人生会因此而充实；当我们希望做得更好的时候，我们的人生也会因此而完美。

最好的爱，是平淡的相守

如果你不希望另一半有一天因为"想通了"而离开你，你就要想想你是不是该做一点点改变？毕竟，夫妻要做得长久是很大的一门功课。

——佚名

俗话说："相爱容易相处难。"恋爱的时候，一切都很简单，只是谈谈情说说爱，有艳丽的玫瑰，有浪漫的烛光晚餐，彼此都在极力地展示自己好的一面，愿意包容对方，更愿意欣赏对方。结婚了，生活中不再是简单的你和我，而是你的家庭和我的家庭，是两个家庭间的事。彼此在跑完了恋爱之旅后，紧绷的神经一下子放松了下来：我们是夫妻了，是自己人了，不必再担惊受怕，可以坦然地做自己了。于是，彼此的本性慢慢显露，度过了最初的甜蜜新婚期，接下来就是漫长的磨合阶段。

明智而成熟的女人，安然接受这个过程，她们与爱人磨合得很好，一起同心度过这个阶段。而有的女人，对婚姻缺乏正确的认知，心理承受能力差，难以适应婚前婚后的心理落差，进入婚姻磨合阶段便感到绝望，觉得婚姻简直就是爱情的坟墓，它让爱情和爱人走了样，在灰暗心理的作用下产生了负面思维，促使婚姻走向了解体。

这个世界上，不存在天生就合适的婚姻。任何一段婚姻都是需要用心经营的，女人唯有经营好自己的婚姻，才能够与爱人幸福地相伴一生。

有人这样说过："世间有两种女人，一种女人无论嫁给谁都会后悔，这倒不是说她们见异思迁，而是她们本身就不懂得经营婚姻的方法，遇到问题就只知道埋怨对方，怀疑对方；另一种女人，无论嫁给国会议员还是普通的工人，都会幸福一生，因为她们懂得用一份真挚的爱去维系婚姻关系，用包容和理解去经营自己的生活。"

方怡结婚的时候，觉得自己是天底下最幸福的女人。一晃，五年过去了，这个曾经暗暗为自己遇到一个好男人感到庆幸的女子，感觉生活像一潭死水，枯燥、乏味，没有激情。恋爱的时候，经常会有甜言蜜语的陪伴，可如今，丈夫因为忙于事业，经常很晚才回来，累了一天，也是简单收拾一下就睡了。

越发感到苦闷的方怡，向母亲提起了自己的感受，并诉说"委屈"。不料，母亲却告诉她："这个世界上，任何婚姻都是如此，柴米油盐，彼此就像是亲人一样，不可能一直像恋爱时那般。男人应该有自己的事业，你作为妻子也要理解他、体谅他。过去，他对你很体贴，如今他不过是换了一种方式来付出而已，在他心里，依然是为了更好地爱你和孩子，还有你们的家，让你们过上更好的生活。如果他不这样做，你觉得家还能稳定吗？"

听了母亲的话，方怡恍然大悟。原来，婚姻生活就是这样，彼此是一家人，相互理解，相互搀扶，努力把日子过好。至于自己的"委屈"，都是自己想出来的。此后，方怡开始学着与丈夫沟通，在他失意软弱的时候，伸出自己温暖的双手，扶他一起走过那段孤独的旅程。哪怕是风雨兼程，她也陪伴他共渡难关，抚慰他受伤的心，鼓励他用积极的心态去挑战自己，用勇往直前的勇气去战胜自己。不管处在怎样的场合、面对怎样的状况，她都极力维护丈夫的利益。方怡知道，只要自己与他的心拧成一股绳，劲儿往一处使，对外保持高度一致，就可以克服生活中的一切困难，直达生命的终点。

爱是这个世界上最美丽的东西，没有任何东西能与爱的尊贵与神圣相比。因为心中有爱，才会有感动，才会有至真至纯的流露。爱是人与人心灵碰撞的火花，牵动着你我他。只要婚姻是建立在爱情的基础上的，就能走向更深度的成熟和理性。只要心中有爱，用心经营婚姻，就一定可以拥有幸福。

女人应该让自己的心胸变得宽广、豁达，学会关心和照顾他人的感受，守着自己对生活的原则，用心、用爱去维系自己的婚姻。只要你相信自己的那一份爱情是真挚的，能够全心全意地去爱自己的另一半，你就能够拥有世界上最幸福的婚姻。人间需要温暖，生命需要感动，夫妻需要坦诚，真正的爱情是心灵的交融，即便是刹那的瞬间，也是永恒。在有限的生命中，在有限的婚姻生活中，珍惜你的爱人，珍惜你的家庭，用善良的爱心去包容他，如此，才不会让生活变得乏味和空洞。一个女人，经营好了婚姻，也就等于经营好了人生。

拥有自己的幸福就够了

婚姻的艺术在于：不要期望丈夫是戴着光环的神，妻子是飞翔的天使；不要求对方十全十美，而要培养韧性、耐性、理解和幽默感。

——美国现代作家彼得森

有个年轻俊朗的画家，家境殷实，还娶了一位温柔体贴的妻子，日子过得很富足。可他终日闷闷不乐，总觉得自己的人生比别人少点什么。

一天夜里，他碰到了一位老者。他向老者诉苦，说自己什么都有，只欠幸福。老者笑着说："我明白了。"于是，老者毁了画家俊朗的容貌，夺走了他的绘画才能，让他的家里变得一无所有，妻子也离他而去。

一个月后，老者又见到了画家。这时候，他已经饿得头晕眼花，在地上苦苦挣扎。老者见此情形，便把他失去的一切又还给了他。

又过了一个月，老者再次去看那位画家。他在花园里画画，妻子在一旁看着，两人有说有笑，很是恩爱。见到老者，画家不住地道谢，因为他知道什么是幸福了。

失去后才懂珍惜，才知道曾经的自己有多么幸福，这是人的普遍心理。

可惜故事是故事，它可以让画家失而复得，而生活中的许多东西，一旦失去就很难再回到从前，错过了就是一辈子。感情世界里的很多女人，往往对自己的幸福熟视无睹，不满眼下的生活，总觉着少了些浪漫的情调，少了些物质上的奢华，少了些……总之觉得自己不够幸福，在平淡的日子里找不到让自己快乐的闪光点，眼里满是别人的幸福，给自己的心灵蒙上了一层灰尘。

相传，人来到世界上就是为了寻找幸福，可是上天悄悄地把幸福藏在人心里，却没有告诉他们。于是，世界上就多了许多在匆忙中寻找幸福的人。直到累了，倦了，心不再浮躁了，才专注于自己的内心，这时候却突然觉得比以往都幸福了。这时候，也才发现，其实每个人的身后都背着幸福，只是自己一直盯着别人的幸福看，忘了感受自己的幸福。

毕业十周年聚会上，苒艳若桃花，光彩照人，浑身散发着成熟女性的美，这让在场的女士们无不羡慕。尽管如此，聚会结束后的苒还是不太高兴。

看到苒沉默不语的样子，好友琳觉得很奇怪："大美女，每次聚会你可都是焦点人物，出尽了风头啊，怎么还不高兴？难不成是乐极生悲了？"

苒感叹道："唉，有什么好羡慕的。你看见 S 了吗？人家珠光宝气，开的是宝马，拿的是 LV；再看 L，新买了一套复式房，那地段的房价要 2 万多一平方米；还有 H，她老公现在都已经成了局里的领导了……"

琳笑了，推了她一下说："就因为这个呀？你可真是只看贼吃肉，没见贼挨打。S 穿戴是好，可她结婚十年了，怎么都怀不上孩子；L 那房子是大，可她老公一个月回不了几次家，而且人也粗暴得很，每次见面都吵架……换个角度看看这些事，谁都有自己的苦衷，可不是每件事都能拿出来说呀！你有什么可烦恼的呀？工作顺心，家人健康，丈夫能干又体贴，儿子聪明学习又好，这日子虽算不上大富大贵，可也算是小康，多少人羡慕你这样的呢！"

听到这些，苒突然觉得自己很可笑，她感慨地说："没错，听你这样一说，我才觉着其实自己一直都挺幸福的。"

忽略了幸福的存在，却抱怨生活不幸福，这种心态不是苒一个人才有。生活原本就是简简单单，幸福也不都是来得轰轰烈烈，能够安安静静地过着日子，就已经是莫大的福分了。我们眼里看到的别人的幸福，或许只是一个幸福的外壳，个中滋味怎么样，唯有当事人才知道。若是拿着自己的幸福，还巴望着别人的幸福，甚至为此无限夸大生活的不幸，费尽心机去追寻未知的结果，最后往往会弄丢手里已有的东西。

生活是否幸福美满，在于自己是否真的感到满足。如果懂得放下原本嘈杂的心，用心去品味生活的点滴，就会发现，静静守着自己的幸福就是最大的富足。

她本以为婚姻生活就是自己预想的二人世界，只有两个人的相互依偎。可真的走进了围城，一件一件要考虑的事摆在眼前——车子、房子、工作、赡养老人、各种保险的开销，她突然觉得恐慌，甚至有时会烦躁地与丈夫吵闹。

或许，一切都是源自钱。她本不是那种特别看重金钱的女人，总觉着日子美满就行了。可结婚后，外加又想要孩子，她不得不去想自己和丈夫能否承受得起经济压力。于是，当别人炫耀自己的老公升职，谈论谁家又换了新车，谁谁谁又开了公司的时候，她变得不那么淡定了。时间一长，她难免会对丈夫心生抱怨，说他在单位里默默无闻，不能让她买名牌，抱怨生活没意思，开销那么大，活得太辛苦。

丈夫起初还觉得有点"亏欠"她，没能给她更好的生活。可渐渐地，他也变得冷淡了。两个人之间投机的话越来越少，口角却不断增多。丈夫说她变了，变得世俗和势利。面对丈夫的指责，她更是一肚子怒火。终于有一天，两人争吵过后，她摔门离去。

那一天，外面正下着小雨，她一个人在街上游荡，看着细雨中你侬我侬的情侣，心中有种难言的痛楚。她躲在一家商店的屋檐下，看着雨中的车水马龙。一对小情侣站在她旁边，相互依偎着，男孩把身上的衣服披在女孩身上，两人共同打着一把破旧的伞，女孩一脸幸福。他们在这个城市里并不起眼，甚至看起来有些"落魄"，可他们脸上的笑却掩盖不住内心对生活的满足感。

她想到多年前，自己也曾和丈夫有过如此温馨的画面，她也曾坐在他自行车的后座上幸福地笑。那时候的生活不如现在，两人租住在一间屋子里，赚的钱刚刚够维持生活，可他们相濡以沫，两颗心贴得是那么紧。如今，为什么不知道满足了呢？

雨停了，商店里传出周华健的那首《有故事的人》："我们越来越爱回忆了，是不是因为不敢期待未来呢，你说世界好像天天在倾塌着，只能弯腰低头把梦越做越小了……就算有些事烦恼无助，至少我们有一起吃苦的幸福，每一次当爱走到绝路，往事一幕幕会将我们搂住。"她掉头去了菜市场，买了很多丈夫喜欢吃的菜。

丈夫看见她拎着菜回家，很高兴，但也没多说什么。她在厨房里忙活，很快就做了一桌子菜。她温柔地叫丈夫吃饭，看着眼前的情景，她还未开口，丈夫就说："对不起，都是我不好，我不该怪你。"

她听了之后，眼泪掉了下来。不管自己做错什么，都有一个人如此包容自己，和他共度一生，还有什么可抱怨的呢？有个相爱的人，有个温馨的家，这些都是钱买不到的，既然拥有就该珍惜。这样平淡而真实的日子，才是生活最真实的面貌，也是最幸福的生活。

身处世俗闹市，免不了受到周围环境和人事的影响。女人心思细腻敏感，更容易受他人的影响，心里或许并不追求那样的生活，却不知不觉地为那种生活努力，不知不觉地进入别人所拥有的那种状态。到最后却发现，自己拥有得再多，也比不上原本平淡无奇的生活来得实在。

安心地守着自己的幸福吧，不多看不多听，别人的幸福终究与你无关。你现在拥有的就是最好的，因为它们是你伸手就能触摸到的。

当然，有的女人的确值得我们羡慕，但是你必须要意识到，在这个世界上并不存在十全十美，那些令我们羡慕的女人，同时也在承受着她们的不如意。我们知道，女人虚荣的本性常常使她将其风光的一面示人，但又有谁能真正看到别人风光的背后呢？所谓"人人都有一本难念的经"说的正是这个道理。

凡事就像一枚硬币，有正的一面，就要有反的一面。生活也不例外，它是公平的，你得到了什么，都要以另一种方式付出代价。当羡慕别的男人的高收入和风光时，不妨想想他通宵达旦地加班，彻夜不眠地思考，马不停蹄地奔波，他的女人要独自守家、黯然神伤……难道不是吗？

人与人之间的差异是永远存在的，每个人的处境机遇都不同，比或被比，都不是寻找这种美好生活的正确途径。永远不要盲目地去羡慕别人，当你学着不拿他与别人比较时，懂得好好珍惜和善待他，他会感受到你对他的尊重和欣赏，也就更清楚自己的方向和目标了。于是，情感不断升华，爱情有了新的生机，婚姻有了新的激情，生活有了新的希望，你就会永远自信和光彩照人。

难得糊涂，幸福不需要太精明

长相知，才能不相疑；不相疑，才能长相知。

——中国现代戏剧家曹禺

2011 年贺岁档有部电影叫《非诚勿扰》，里面有句台词一时成了"名言警句"。这句话是这么说的："婚姻怎么选择都是错的，长久的婚姻就是将错就错。"可以说，这句话对于婚姻的描述达到了入木三分的地步。

如果说钱锺书老先生的《围城》入木三分地道出了婚姻真相的话，那么冯小刚的这句"将错就错"则以调侃的姿态诠释了婚姻的本质，这里的"错"应该是隐忍与妥协的代名词，通俗点讲，应该属于"装傻"的范畴。

说到底，婚姻中的装傻本质上就是将错就错，就是包容。婚姻中夫妻二人要共同面对人生的起起伏伏，在琐碎的家长里短里养儿育女、平平淡淡过日子胜过所有的海誓山盟。有人说，婚前要把眼睁得大大的，婚后只需睁一只眼、闭一只眼。所谓的闭一只眼睛，大约就是"装傻"吧!

实际上，任何事情都有它的模糊地带，婚姻也不例外。如果太较真了，那么就自然而然地使婚姻产生细小的裂缝。当天长日久，缝隙越来越大，以至于无法修补，后悔晚矣。

但是，有些人不管是在外面的社会交往中，还是在家里的大事小情上，却还是精于算计。如果一个人遇到一个这样的伴侣，那我们只能对其报以同情之心了。因为不难想象，一个时时处处都过于较真的人，会在无形中给其周围的人带来很大压力，让其怨愤连连，而且无所适从。

相反，如果在婚姻中能适当地保持一股"傻气"，不去斤斤计较，不去寻根究底，那么在这种宽松的氛围下，无论夫妻哪一方都会更舒服些，同时也不会因为被勒得太紧而走向"极端"。

周日，颜婕菲在街上遇到了闺中好友肖杰萍。肖杰萍说和老公过不下去了，准备离婚。颜婕菲惊讶不已，以前肖杰萍总把老公的好挂在嘴边，惹得姐妹们艳羡不已，可现在怎么就闹到离婚的地步呢？颜婕菲问肖杰萍为什么，肖杰萍泪眼婆娑，很委屈地说："我对他那么好，可他却没良心。我对他就像伺候我儿子一样，他的衣服都是我亲手给买的，他的早餐晚餐都是我亲手给做的，对于这个家，我付出了那么多，但他却跟我撒谎，刻意隐瞒他的行踪，结果被我发现了，他竟然还说我有病，疑心重，这还不算，明明他的口袋里有两百多块钱，可是，第二天他就不承认了，这日子真是没法过了……"

看到肖杰萍怨气冲天的样子，颜婕菲既为她的婚姻感到不安，又觉察出了闺密的"过于精明"，她语重心长地劝慰着肖杰萍，说："你想没想过，一个男人究竟会喜欢一个对他时时监督的女人，还是会喜欢一个懂得在适当的时候'装傻'的女人呢？其实，女人的宽容会令男人有安全感，有时候，退让是为了更好地防守。你们的婚姻之所以走到了边缘，很可能是因为你不懂得变通，又不懂得适当地调整自己的心态。试想两百多块钱与婚姻相比，又算得了什么呢？"

听完这番话，肖杰萍瞪着双眼，短暂地发愣之后，长吁了一口气。她似乎已经清醒地认识到自己婚姻问题的所在……

婚姻中，有些地方脆弱而敏感，进一步就是山重水复，而退一步就是海阔天空。婚姻生活本来就充满了烦琐杂事，没有谁对谁错的判断标准。那么，在这些鸡毛蒜皮的小事面前，只需睁一只眼、闭一只眼就好，这样会给对方留下一点余地，不管是对自己还是对另一半都是最好的保护。所以，聪明的女人懂得装傻。

宽容是一种素养，一个人的性情、品格、教育和阅历会影响到宽容的程度和好坏。因此可以说，宽容是成熟、隐忍的体现，它是人的一种秉性，没有这种秉性，宽容就成了交通违章录像，每天死盯不放，又不好让人发现，未免太辛苦。

聪明的女人，明白水至清则无鱼，她不会把所有的事都探究个一清二楚，即使她天生有一双火眼金睛，可以洞明世事。看看王熙凤，她的下场又如何？终不如秦氏和平儿的明智。试试在小事上装傻，说不定你会爱上"装傻"这种生活方式，因为这种方式离幸福只有咫尺之遥。

女人的心思天生缜密，许多女人还以第六感强、洞察力敏锐而骄傲，她们对待生活眼里不容沙子，对待丈夫更是"严于管教"，对丈夫的一举一动都表现得极为关心。当感觉到丈夫有隐瞒时，她会刻意去调查对方的秘密，让自己生活在一个猜疑、痛苦、矛盾的圈子里；对方不小心伤害了自己的时候，就一味地抱怨对方的不是，甚至口不择言，出口伤人。当丈夫向她许诺"房子问题很快就解决了"时，她第二天就跑到丈夫的单位"调查"，然后冷嘲热讽说："你就别抱幻想了，分房子根本就没你的名额"；当丈夫答应带她去外地旅游，她泼冷水道："你赚的钱不吃不喝攒一年，也不够我们俩旅游一次的费用"……

这样的女人可能精明强干，但是她们缺少了一点糊涂的可爱，缺少了一点糊涂的浪漫。

扬州八怪之一的郑板桥说过："聪明难，糊涂难，由聪明到糊涂更难。"于是发出了"难得糊涂"的感慨。这里的"糊涂"并非指是非不分，而是一种聪明升华之后的糊涂。

女人懂得了糊涂的艺术，就拥有了一种大度的涵养，适时的糊涂也就成了一种心中有数、不动声色的智慧，一种宽容的处世态度。

汉字的"婚"字，就是由"女"字和"昏"字组合而成，这很有意思，也许这正是在提醒女人在婚姻中要"糊涂"吧！如果一个女人能体会到其中的精髓，那她的婚姻定是美满的。

有些幸福是"熬"出来的

你见，或者不见我，我就在那里，不悲不喜；你念，或者不念我，情就在那里，不来不去；你爱，或者不爱我，爱就在那里，不增不减；你跟，或者不跟我，我的手就在你手里，不舍不弃。

——《班扎古鲁白玛的沉默》 作者扎西拉姆·多多

有人说，爱情很简单，因为每一对相爱的人都会说："我爱你，我愿意为你付出所有。"

有人说，爱情很艰难，因为每一对爱人都会遭遇风雨，能够一直相扶到老，实属不易。

没错，相爱容易相守难。还记得结婚时宣读的那几句誓言吗？那不是几句泛泛的空话，而是一种承诺和责任。在爱情的旅途中，顺境和逆境、富有和贫穷、健康和疾病，总是不时交替。顺境时的爱很简单，无非就是相依相伴一起幸福；可逆境时的爱很艰难，它要你顶着暴风骤雨，搀扶着伴侣不离不弃。爱虽然只有一个字，却饱含着与对方共同承担责任和风雨同舟的信念与决心。

回顾自己与心蕊十年的感情之路，晓峰的眼角不禁湿润起来。他们22岁相恋，其间分分合合、曲曲折折，最终还是牵手走到了现在。

他的思绪又回到了那段因患肿瘤而充满了恐惧与绝望的日子。心蕊没有离开他，而是默默守在他身边，给他鼓励。有时，还陪他一起去医院，尽管辛苦，却没有丝毫的怨言。晓峰心里有感激，若没有她，自己早已心灰意冷垮掉了。有了心蕊，让他对未来重新充满了希望，每天都积极地生活。同时，他也为自己暂时没能给心蕊一份安逸的生活感到愧疚，他希望日后能够更好地补偿心蕊，做一个可以走动的大树，让她有个坚实的依靠，为她挡风遮雨。

提及那段往事，心蕊说："将来会发生什么，谁都无法预测。可这有什么关系呢？不管遇到什么，只要我们在一起一天，就要幸福着面对。"

十年过去了，他们一直相守着，有了温馨的家，有了可爱的孩子。这些年他们一同走过的岁月，让彼此深刻地明白：爱，就是风雨中的相守，就是平淡中的相濡以沫。

爱情不一定要轰轰烈烈，只要能在风雨中相守，在平淡中相濡以沫，就是一份难能可贵的财富。很多时候，通往幸福的路很漫长，也很"慢长"。若没有共同走过冰寒地冻的雪山，少了生死相依、相互搀扶的积淀，即便是拥有了，也未必长久。美满的婚姻需要两人共同经营、共同成长，在漫长的岁月中互相搀扶、相濡以沫。

淡定的女人要明白，真正的幸福，往往来得没那么容易。很多时候，幸福是"熬"出来的，无论是在感情上，还是在生活上。在这里，还想与大家分享一个故事：

喜宴上，一位气宇轩昂的男士，挽着一位珠光宝气、雍容华贵的女士缓慢地朝人群走了过来。那位男士是某公司的总裁，那位女士是他的太太。

看着他们的背影，一对年轻的母女进行了一番有趣的谈话。

女孩撇撇嘴说："真是一个华美的花盆，种了一棵苦菜花啊！那位女士，再怎么打扮，也遮不住脸上岁月的痕迹啊！像我这样的气质，才像总裁夫人哦！"

母亲笑道："男人就像酒，总是越老越醇。你站在总裁身边，或许是相得益彰。可你会爱上一个父母双亡、家无片瓦的猪倌吗？你会跟一个白手起家、一分钱掰成两半花的男人同甘共苦吗？想当总裁夫人，先得住猪圈、割猪草、闻猪粪，风里雨里吃尽艰辛。幸福，都是在苦水中慢慢熬出来的。"

女孩吐吐舌头，不再说话。

男人如同一块需要雕琢的玉，经历了数年的打磨，变得璀璨耀眼。可是，当年他一穷二白、奋力拼搏的时候，又有几个人会把目光聚集在他身上？但愿所有女人都能明白爱与幸福的真谛，不要想当然地认为做一个"速成阔太太"，一下子少奋斗二三十年，就是幸福；不要把婚姻当成无条件索取快乐与享受的途径，爱与婚姻有幸福的味道，却也带着一份责任和义务。当你决定和他一同走进生活的那一刻起，你就要做好与他风雨同舟的准备。

爱得淡一点，爱得久一点

不必爱，就不会受伤。所以可否让与爱有关的一切都是淡淡的、透明的。我们可不可以只有一点点的相爱，只要一点点。或许，只有这样就不会因为相爱而猜忌，我们不会因为相爱而忧伤。

——佚名

张爱玲说："女人在爱情中生出卑微之心，一直低，低到尘土里，然后，从尘土里开出花来。" 或许张爱玲不过是想告诉世间女子：爱情让人心生卑微。爱上一个人，你会觉得他伟岸高贵，会觉得他是世间最好的男子。他的一切在你眼里都是那么荣光，他就是你的天。爱上一个人，你会觉得自己不过是这天底下一朵渺小的花朵，需要仰起头，才能让他看到。若他看到了，那便是自己的幸运。

然而，因为这句话，世间太多女人以爱之名一次次地放低自己，低到了尘埃里。只可惜，当她所爱的人没有低头时，她那颗卑微的心就永远被埋在尘土里，再也没有放出她的光芒。

曾经看过一则关于爱情的寓言故事，用在这里再恰当不过。

老鼠深深地爱上了蝙蝠，思虑再三，终于鼓起勇气向蝙蝠表白。不料，却遭到了蝙蝠的拒绝。

老鼠不甘心，说道："你为什么不肯给我一次机会？你看不出我是真心的吗？"

蝙蝠淡淡地说："我们不是同类，不适合在一起。我渴望跟我爱的人一起飞翔，而你没有翅膀，如何能够与我一同飞翔？"

老鼠说："我们可以一同在陆地上生活呀！"

蝙蝠平静地说："我说过，我不爱你。正因为此，所以我不会为你放弃飞翔。"

老鼠悲痛欲绝，它说："好吧。既然想要与你在一起，总要有个人做出牺牲。我愿意为你改变自己，如果我学会飞翔，你就会爱我，对吗？"

蝙蝠很无奈，说："你不可能学会飞翔的，因为你没有翅膀。"

此时的老鼠已经为爱冲昏了头脑，它说："我相信爱情的力量，也相信你会为我感动。爱情可以让我飞翔。不信的话，我现在就可以飞给你看。"

说着，老鼠找来了两片与蝙蝠翅膀差不多大小的树叶，一面扇动着，一面向悬崖边跑去……

两片树叶，怎么能够充当翅膀？退一万步说，就算爱情真的有魔力，能把树叶变成翅膀，可飞翔是一下子就能学会的吗？就算老鼠真的飞了起来，它飞的距离不过是悬崖与地面的距离，这飞翔的时间太短，短到它根本来不及和蝙蝠相爱。

爱应该从容，而不是卑微，更不是拼命。爱得从容，不是爱得不深，而是爱得很冷静、很理智、很悠远。不会为爱冲动地做傻事，也不会为爱、为对方而违心地活着。

她是公司里的会计，模样俏丽，工作能力强，公司上下不少未婚的男士都暗暗向她抛绣球，而老板对她也非常赏识。

终于，在一个大雪纷飞的平安夜，这朵俏丽的"花"，落到了市场部的一个普通职员那里。一时间，身边的不少朋友都觉得诧异："那么多优秀的男人你不要，怎么就看中他了？他就是个普通职员啊！"

"爱情与这些有关吗？爱了就爱了，管他是普通平凡，还是雍容华贵！"她淡淡地说。

很快，她陷入了爱情的蜜罐里。半年后男人向她求婚。她说："这会不会太快了？你让我再考虑考虑吧……"嘴上说考虑，可她心里却是一百个欢喜。

男人找到她，给了她一堆发票，让她给报销。

她告诉男人，不是公款公用的没法报销。

男人笑了笑说："这还不是你做主的事？再说，我也是为了咱们以后日子过得更好。一个月报几百，对这么大的公司来说算什么呀？根本不会有人知道。"

女人突然间觉得眼前这个男人很陌生，她说："上次的事，我已经考虑清楚了。我们分手吧。我觉得，你不是我生命中要找的那个人。"

她很难过，因为说分手的那一刻，她还爱着他；可她又很庆幸，庆幸自己在婚前看清楚了这个男人的品性。

在爱情中，我们都有权利尽情地享受，但心底却要埋下一条线，一条底线。一旦爱情中的另外一个人触碰了那条底线，我们就要清醒，找回理智。

曾经，有个女孩无法接受男友提出的分手决定，便苦苦哀求对方，说："我不能没有你，我不敢想象以后的日子要怎么过。你说我的朋友不喜欢你，我可以少和她们来往；你说我的父母不喜欢你，我们以后可以少回几次家；你说你不喜欢我的缺点，你列出来，我都可以改，你不喜欢的事我保证不再做……"可是，男友却说："就因为你这样，我才没办法和你继续在一起。你让我觉得太累了，爱不是一个人的事，你总是太拼命，而我却无能为力。"

为了爱牺牲自我，失去自我，闹得众叛亲离，甚至伤害身边最亲近的人，这是爱还是丧失理智？多希望这个女人能够明白，人不可能只靠爱情活着，那样的生命是不完整的。爱得越从容，心便越理智；爱得越冲动，心便会迷失。真正的爱，绝不是一下子用尽全力、冲动到不顾后果地去展示自己的爱，而是在漫长的岁月长河里用点点滴滴的细微之情慢慢浸润对方的心。再者，为了一个男人改变自己的一切，那还是你吗？爱得太拼命、太用力感动不了对方，只会给他的心里增加包袱。

爱情是伟大的，但同时也是渺小的。女人无须为了爱放弃一切，更无须卑微。张爱玲说的那句话，我们不妨换个角度去理解：因为爱上了他，所以在卑微的尘埃里努力地生长，然后让自己开成一朵花。爱得从容一点，爱得淡一点，花开半朵、酒醉微醺，方能让爱细水长流。

第八章

找到除爱情外，能使双脚坚强站立的东西

以一种独立的人格自若

独立自尊，才能气质典雅。独立的人格，独立的思想，这样的女人不一定学富五车，但绝不肤浅，她内心柔软而坚定，不强势，也从不肯示弱，凡事都有自己独到的见解。这是一种让人折服的自信，尊严与幸福也就深藏其中。不过，独立是一种很高的境界，它需要高素质的心态和全新的价值观，快开始吧。

像树一样站立，别让你的爱跪着

我如果爱你，绝不像攀援的凌霄花，借你的高枝炫耀自己……我必须是你近旁的一株木棉，作为树的形象和你站在一起。根，紧握在地下；叶，相触在云里……我们分担寒潮、风雷、霹雳；我们共享雾霭、流岚、虹霓。仿佛永远分离，却又终身相依，这才是伟大的爱情。

——舒婷

自古以来，人们就有男强女弱、男刚女柔的观念。传统观念认为，女人当是男人的附属物，女人要"依附"于男人。在我们的现实生活中，不少女人也是这样认为的，她们往往习惯把爱情当成生活的全部，把一个男人当成自己的整个世界，无条件地依赖男人，一副小鸟依人的模样。

殊不知，当你习惯了依附男人的时候，就会陷入一种"男人给你幸福，你就幸福了；男人不给你幸福，你就不幸福"的被动状态，你的美在男人那里就变得微弱，甚至消失殆尽了。试想，一个这样的女子，如何能够在爱情中占据主动地位，又怎能让男人心甘情愿地留在你身边呢？原本再美的爱情也逃不过一拍两散的结局。

看看 Emma 的日子你就知道了。

当年 Emma 年轻漂亮，又多才多艺，吸引了很多异性的倾慕眼光，她最终嫁给了一位在某超市担任部门经理的男人。婚后，Emma 把全部的希望都寄托在丈夫身上，自己养尊处优地在家里做全职太太，但神仙眷侣般的生活没过几年，丈夫提出了离婚。

拿着丈夫的离婚协议书，Emma 悲痛欲绝，眼泪不止，哭诉道："当初他费尽心机地追求我，我看他为人踏实，又很有才能，就答应嫁给了他。可万万没有想到，他现在竟然和本行业的一个女部门经理交往，居然说要跟我离婚，所有明眼人都看得出来那个女人没有我好看，我真不知道他是怎么想的……"

Emma 的遭遇实在令人同情，但她的丈夫似乎也满腹委屈："当初 Emma 不仅长得漂亮，多才多艺，而且特别独立，这正是吸引我的地方。可结婚以后，她似乎把自己的一切都托付在了我身上，我说什么她就应什么，没有自己的追求了，而那位女部门经理虽然美貌次于 Emma，但她非常独立，别具一番滋味，我忍不住就被她吸引了……"

一个长期依附于男性的女子，总会显得唯唯诺诺。这样的女子也许会楚楚动人，也许会娇弱可爱，但是始终不及独立的女性显得洒脱和优雅。男人会在心理上产生一种优势，你离不开他，慢慢地，他对你的态度也可能不会像当初那么好了。

只有当女人和男人站在同一条水平线上，女人才能具有充满魅力、震慑人心的力量，也才能够获得一个男人真诚的爱，赢得他真正的尊敬。就像一位有着幸福婚姻和职业成就的女士所言："女人唯有真正独立起来才能正视挫折，而女人也应该相信自己的能力，没有什么是做不好的，不是没了男人就没法活。这样的女人，活得洒脱自由，比起那些'楚楚可怜'的小女人，反而更加能得到男人的青睐。"

事实上，几乎所有的男人都欣赏独立的女人，他们都渴望自己的妻子能有独立的思想与观念，成为一个与时俱进的知己。

那些情场上的美丽女子深深地知道这个道理，所以，无论旁边有一个多么值得依靠的人，她们都坚持自己独立的人格，她们会让男人清楚地知道，她们不只是男人的爱人，她们更是自己的爱人。

就读于某大学中文系的吴美楠是一个长相普通的女孩子，在别的女孩子心怀"钓金龟婿"的愿望时，吴美楠却一心热衷穿梭于图书馆、健身房等场所。大学毕业后，吴美楠开始的生活并不如意，自己住在狭小的租房里，穿行于熙熙攘攘、有些乱、有些脏的闹市里，过着艰辛的日子。

"干得好，不如嫁得好。"有朋友这样劝说吴美楠，"大树底下好乘凉，你找一个有钱、有能力的男朋友不就可以了嘛，干吗这样委屈自己呢？"吴美楠淡淡地笑了笑，态度坚决地回答："不！我要靠自己，女人独立才美丽！"

靠着自己的不断努力，五个月后，吴美楠终于如愿找到了一份编辑工作。后来，她的稿子开始不断地在各大杂志、报纸上刊登和转载。凭借出色的工作能力，三年半以后，吴美楠当上了所在杂志社的主编。对此，吴美楠说，"我一直都坚信，女人精彩的生活不是男人给的，而是必须靠自己的努力争取的。"

令那些心怀"钓金龟婿"愿望的女性朋友们羡慕的是，吴美楠的独立不仅为自己赢得了一番辉煌的事业，同时，还深深地吸引了一位和她同样优秀的男同事，两人喜结连理，事业互助、家庭温馨，吴美楠可谓事业家庭双丰收。

是的，真正的爱情应该是彼此尊重、彼此独立和自由的。夫妻双方并不是因为相互需要，而是因为相互欣赏、相互支持才走到一起的；不是为了禁锢对方，而是为了帮助对方在独立和自由中得到更有生命力的成长。

所以，你若想在爱情场上获得主动权，要想将自己打造成真正的美丽女神，就永远不要泯灭自己的独立性，努力与男人站在同一条水平线上。当你能够拥有属于自己的一片天空时，你还害怕这片天空下没有白云吗？

"闺密"，一剂永远鲜美的心灵鸡汤

女人的心事女人懂，从结伴上厕所到一起读书、逛街、扮靓、认识男人，有很多女人的事情是男人所不了解的，因此，女人需要同性的理解与同情。

——佚名

在女人的世界里，有一个温暖的名词叫"闺中密友"，人们习惯简称为"闺密"。

"'闺密'的情分总是细柔而绵长，倾其一生也诉之不尽。在这份友情的灌溉下，女人也变得更加芬芳、更加美丽。"一位女性心理学家在一次演讲中这样说道。

具体说来，人们对于闺密的理解大致是这样的：两个或者三个，也或者更多几个待字闺中的女孩儿，因为某些共同的兴趣爱好，或者类似的遭遇和命运而走得很近。彼此之间无话不谈，即使结婚后有了自己的家庭，仍然可以不失时机地相约一起看看电影、逛逛街，或者坐到茶社里，伴着袅袅的茶香聊聊心事，叙叙旧情。

王蕊和雪妮就是一对两小无猜的亲密姐妹。从小她们两家就是邻居，谁的父母有事，就会把她们托付给另一家照顾。因此，王蕊和雪妮在一个碗里抢过饭吃，在一张床上睡过觉，也一起帮着对方跟父母撒过谎。

上学后，她们从小学、中学都是同班，用她们俩的话说就是彼此看着对方从小姑娘长成少女，一起面对过成长过程中的很多小问题和小秘密。当然，她们也会生气和吵架，但很快就会和好如初。

她们虽然没在一个学校读大学，但她们用电子邮件传递着彼此的友情，让她们的情谊随着时间的流逝越发深厚。

雪妮说，她从王蕊身上发现了另一个自己，王蕊也有同感。走上工作岗位之后，她们越发感受到这份知根知底的友情的可贵。

或许你也和故事中的王蕊和雪妮一样，有一个"铁杆死党"，也就是闺密。或许你会遗憾地说，自己没有这么好的运气，到现在还没遇到一个称得上是"闺密"的朋友。

其实，闺密的形成有其特定的环境和条件。据调查发现，世交和邻居是缔结两小无猜型"闺密"的普遍因素，这主要是因为，彼此共同的生活背景和相似的童年会成为日后友谊的坚实基础，而对对方家庭以及经历的了解，会让彼此在交往中更有安全感。

可是，这种情况未必人人都能碰上，所以就会有一些美女必须通过别的渠道来挖掘闺密了。

别急，有一些阅历丰富的女性为我们总结了一些获取闺密的"道道"，不妨来学习学习。

通常来讲，成为闺中密友主要有两种渠道。一是童年或读书时代的同学、邻居，因为从小一起长大，对对方的背景、历史、根源都清清楚楚。可以说，这样的朋友是自己的知音，有时甚至比你自己更了解你。另外一种闺密，常常是在同甘苦共患难的过程中培养起来的。由于一起经历了某个磨难，对对方的人品、性情有了深刻的了解，也就有了彼此信任的理由。

当然，除了这些，还有一少部分女性会在成年后的学习、生活和社交过程中获得"闺密"。因此，我们对于有无闺密不必太过强求，一切顺其自然就好。

但是，不管哪种闺密，在交往过程中我们也不可随性而为。只有将彼此的友谊把握好分寸，才会让我们之间的友谊长久保鲜。现在，我们就来看看那些需要了解的事情吧！

1. 对于普通朋友和闺中密友要一视同仁

在社交场合中，交往对象有普通朋友，也有闺密，这就要求我们一定要做到一视同仁。虽然你和闺中密友的关系最亲近，但也不能厚此薄彼。如果让你的朋友们感觉你的态度有明显的亲疏之分，冷落了这个、热情了那个，别人就会对你有看法，而且会认为你这种做法是幼稚的。另外，因为你表现出明显的远近亲疏，让你的闺密在无形之中就进入了一个受孤立的位置，她也会因此而感到不舒服。

2. 尊重对方的隐私

即使是亲兄弟姐妹，也会有自己的隐私，闺密也不例外，在成人的世界里，没有谁会让自己在别人面前是透明的。在与闺中密友交往时，如果不是谁主动提起，在交谈中应尽量回避涉及个人隐私和对方不愿意谈及的问题，否则，不仅会引起对方的不悦，也会令自己尴尬。在聊天过程中，如果发现自己选择的话题不受欢迎，那么就想办法立即转移话题。

人们把闺中密友比喻成彼此之间的良药。彼此分享快乐，快乐就成了两份；彼此分担忧愁，忧愁就减少了一半。可以说，闺密是一剂永远鲜美的心灵鸡汤，无论多艰辛的岁月，总能保持一份气定神闲的圆润。能有这样的朋友，是人生的福气；如果你有幸，那么请好好珍惜你们的友谊，尽心呵护这份感情，它会让你的快乐和忧伤成为分享与承担的豁达和从容。

必要时，要勇敢说"不"

唯一真正自由的人是能够拒绝宴会的邀请而不用提出理由的人。

——法国小说家米尔·勒纳尔

无论是在生活中、工作中，还是在人际交往中，每个人都会碰到一些别人提出来的不合理的要求，或是自己不愿意接受的事情。直截了当地拒绝别人吧，会觉得太伤害彼此的颜面；不拒绝吧，又委屈了自己。所以，如何巧妙地拒绝别人，如何巧妙地说"不"，便成了一门艺术。

然而，有些女性往往因为天性的善良，当面对别人的请求或者命令时，即使自己不情愿去做，也不好意思拒绝别人。所以有些时候，她们为了息事宁人，自己强忍着，宁愿当个"烂好人"。

此外，还有一部分女性抱着善良心肠，从来不拒绝别人，她们觉得说"不"是伤感情的行为，这会使她们有罪恶感。比如，她在陪同事逛街时已经非常累了，但当同事提出再去某个地方顺便买点东西时，她还是陪同同事坚持到最后；在一天辛苦工作后，她即使感觉非常疲惫，可对爱人希望被按摩的要求，还是欣然答应。

这样的女性，往往在同事们中间是好伙伴，在生活上是体贴温顺的妻子。她们凡事都一口答应，没有自己的欲望与需求。

可是，她们或许不清楚，自己不会拒绝，不会说"不"，会使她们因为对自己有欠尊重，以致得不到别人的尊重。不敢说"不"的女人，她们的目标是被别人喜欢和爱，但代价却是牺牲自我。

临到周末了，同事们都在筹划着周末两天的安排。可阚菲却为自己安排了满满的"任务"：第一项，女儿的芭蕾课要考试，周六陪她去舞蹈学院排练一上午；第二项：周六下午陪婆婆去和房客签约；第三项：周日上午要陪小姑子挑选婚纱；第四项⋯⋯当看到别的同事都是讨论去哪里玩或者去哪家餐厅吃饭时，阚菲却只有唉声叹气的分儿。成天为别人的事忙碌，很累很烦也很不情愿，她恨不得有孙悟空的本领，来个分身术！

办公室一个关系不错的同事却对阚菲说："谁让你逞强的，总是应下一大堆事儿？"

阚菲回答道："我也没办法呀，别人都开口了，我怎么好意思拒绝人家？"

同事太了解阚菲了，她正是那种有求必应的热心人，只要别人开了口，她总碍于面子，怕惹别人不高兴，即使心里再不情愿也要硬撑着答应下来。"不"字从她嘴里蹦出来，似乎比登天还难。到头来，往往搞得自己心力交瘁，疲惫不堪⋯⋯

工作中，阚菲也常常如此，担心自己不承担所有交代下来的工作，就会惹得上司不高兴，于是有求必应，从来不去考虑自己的承受能力，结果分内的工作都给耽误了，还得挨上司的批评。

虽然我们从小就被灌输助人为乐的处世原则，但我们在给别人提供帮助的时候也不要太盲目，把帮助别人当成一种义务或责任，而应根据自己的承受限度来定，量力而行。

著名作家贾平凹曾说过："行走于世间，接纳或拒绝，爱或不爱，放弃或执着……每个人都应有接纳与宽容之心，但也要学会拒绝。"

如果遇到明知不可为的事情还硬着头皮去"为"的话，结果只会让自己承受痛苦。所以，这种时候，我们要相信自己的判断，敢于大胆地说"不"。仅仅为了一时的面子而勉强行事，是最不明智的行为。俗话说得好，死要面子活受罪，说的就是这个道理。

所以，为了我们自身的身体和心理的健康，我们有必要学会有效地拒绝别人，这也是人际交往中的一种策略。

那么，怎么拒绝才能够既让自己摆脱麻烦，又让对方容易接受呢？

总的来讲，应该采取"有礼有力"的策略。所谓有礼，即指有礼貌，也就是要尽量照顾别人的权益和情绪，用词、说话要婉转一些，切忌生硬地顶撞别人。所谓有力，是指有力量，即要明确地表达出你的意思，让对方知道我们内心为此而产生的不愉快的感受。

比如，当我们在电影院看电影的时候，前面坐着的两个人在大声地讨论剧情，妨碍了我们的欣赏，我们就可以对他们说："对不起，我有点听不清电影在讲什么。"

这样的话，说出的是我们自己的感受而没有怪罪别人的意思，对方一般比较容易接受。相反，如果我们怒气冲天地大声对他们嚷："你们俩怎么回事啊，这么大声说话，都吵死人了！别人还得看电影呢！"虽说这样的话也能达到提醒别人的目的，但却容易让对方感到不快，而我们自身所表现出的怒气也显得我们缺乏素养。

再比如，当一位同乡向我们借钱买东西，而我们早就了解这个人是经常借钱不归还的主儿。这时候，我们可以说："我没零钱，不能借给你。"或者说："对不起，我不是总有零钱。"

总之，我们要拒绝别人，得先学会自如地表达否定的、不愿意的感受，以直率、诚实和恰当的方式表达自己的感觉。

具体来讲，我们可以参考下面几点拒绝的艺术。

第一，对别人提出的要求先判断其是否合理，而不是看别人是不是觉得合理。如果我们犹豫或者推脱，抑或觉得为难或者被迫，则意味着对方所提出的这个要求是不尽合理的。

第二，在没有完全了解别人的意思之前，先不用着急说"是"还是说"不"，而是把话听完，把意思理解透彻了，再考虑是拒绝还是接受。

第三，当不想接受对方提出的要求时，我们要简洁有力地说出拒绝的话。简单地说出"不"是很重要的，不要让它成为一个充满借口和辩解的复杂表述。在拒绝他人的时候，我们只要简单明了地解释一下自己的感受就行了。要知道，直接的解释是一种果断的自信，而间接的误导或借口呈现给对方的则是一种优柔寡断，会给将来留下更多的麻烦。

第四，在拒绝的时候不说"对不起，但是……"说"对不起"会动摇你的立场，别人可能会利用你的负疚感，让你接受他的要求。当你认真地估计了形势，决定拒绝的时候，你用不着觉得内疚。

第五，采用迂回策略，委婉说"不"。有时候，面对领导或者长辈，我们直接拒绝对方，可能会引起对方的强烈不满，认为我们这是"大不敬"的行为，从而导致其他工作不能顺利开展，或者产生家庭矛盾等。所以这时候，我们不妨把"不"说得婉转一点，比如把未出口的"不"改成"我尽力"，"我考虑一下再给你电话"等，然后将话题岔开。这样一来，会让对方感到我们很给他面子，他也就比较容易接受了。事后，如对方再仔细考虑的话，也就会觉得自己的要求"是不是太过分了"，于是他会自觉放弃，事情就会迎刃而解。

总而言之，面对不合理的或者违背我们内心意愿的要求时，我们要学会合理地拒绝。这样，我们才能掌握生活中的主动权，我们也会生活得更加轻松自如。

海为自己蓝，你为自己活

何必向不值得的人证明什么，生活得更好，乃是为你自己。

——亦舒

吴淡如曾经说过这样一句话："每个人心中都有一首歌，即便没有掌声，我们也能歌唱，也能取悦自己。"实际生活中，在面对林林总总的大小事时，真正能做到不去刻意权衡利益，不在乎物质的多少，真正听从自己内心的人又有多少呢？

有个年轻的女孩，一直渴望得到心仪男子的欣赏，可偏偏对方是一个非常挑剔的人。一连几次，事情都搞砸了。她既伤心又自责，向朋友倾诉说："我真的很想给他留一个好印象。我挑了好久才挑好衣服，脑子里一直想自己该说什么话，也计划了自己该做什么事。我本以为一切会很顺利，可没想到被愚钝的自己给搞砸了。现在，他一定在背后笑我是个笨女人。"

每个人多多少少都有那么一点虚荣心，都希望得到赞美。重视自己在别人心中的形象，看重他人对自己的评价，这本无可厚非，做得适度也能够体现出一个女人的自尊。可若过了度，做事只是为了得到他人的好感、好评，就有可能钻入不能自拔的牛角尖。

　　有一位年轻的女孩，一直希望证明自己的价值，可每当她鼓起勇气去做一件事的时候，只要周围人说一句消极的评价，她的热情和兴致顿时就会消失一半。渐渐地，她对自己失去了信心，甚至还产生了自卑的情绪。

　　后来，她向一位长者求助，希望能够得到一些启示，改变自己。她问长者："为什么别人努力过后总能得到回报，而我努力的结果却总是那么糟糕呢？"

　　长者笑着摇了摇头，说："如果我送你'芳香'两个字，你会想到什么？"

　　女孩思考了一会儿，说："我会想到蛋糕。我也开过一家蛋糕店，可是不久前停业了。到现在，我依然能够想到那些芳香四溢的甜品。"

　　长者点了点头，然后带着女孩去拜访一位画家，他也问了对方这个问题。画家说："芳香，让我想到百花争艳的野外，还有翩翩起舞的少女。这两个字，给我的创作带来了灵感。"

　　随后，长者又带女孩拜访了一位动物学家，也问了同样的问题。动物学家说："芳香，让我想到自己正在研究的课题，自然界里很多动物都用身体散发出的芳香做诱饵，捕捉猎物。"

　　女孩不太明白长者的用意。见此情形，长者又带她去拜访了一位久居海外、刚刚回国来探亲的富商。同样，还是芳香的问题。只见富商动情地说："芳香，让我想到了故乡的土地。"

　　辞别那位富商之后，长者问女孩："现在，你已经看到不少有成就的人了。他们对'芳香'的认识，和你一样吗？"女孩摇摇头，还是一脸的疑惑。

　　长者笑了，意味深长地说："生活中，每个人都有与众不同的芳香，你也一样，有自己的芳香。为什么你不能像别人一样出色呢？那是因为你总是太看重别人对芳香的理解，把生命浪费在别人的眼光里。"

有一位老人的笔记本上有这么一句话："不必在意别人是不是喜欢你，是不是公平地对待你，更不要奢望人人都会善待你。"人们对一个人的反映如同多棱镜，不会一致说好，即便你做得再好，依然会有人挑剔。女人要学会看重自己的思想，不去刻意寻求别人对自己的看法和评价，不为任何人失掉真实的自己，才能不受干扰、愉快地活着。

一天晚上，阿曼达正在弹钢琴，10岁的女儿走了进来。她听了一会儿，皱起了眉头说："妈妈，你的钢琴弹奏得不怎么高明。"的确不怎么高明，任何认真学琴的人听到她的演奏都会退避三舍，可阿曼达并不在意。

一直以来，阿曼达都是这样不高明地弹着，弹得很开心。阿曼达还喜欢唱歌，偶尔还学学缝纫，后来做久了也像模像样了。尽管这些东西在别人眼里都算不上好，可阿曼达很知足，她不是为他人而活，只要自己开心，别人怎么看有什么关系呢？

诗人但丁曾经说过："走自己的路，让别人说去吧！"人生中最宝贵的财富，就是丰富的生活经历。每个人都有独立的思想与意识，不同的人有不同的经历，如果太在意别人的看法，就无法活出自己的精彩。很多时候，把别人的挑剔看成是对自己的否定，有意或无意地去改变自己，着实是不明智的做法。毕竟，每个人站的角度不同，出发点不同，所得出的结论自然也就不太一样。所以，不管怎样，女人都要有自己的主张，别人的看法是对的自然就去听，是错的就没有必要去理会了。

人活在世上，并非是为了要压倒别人，也不是为了他人而活。人活着，所追求的应当是自我价值的实现和自我珍惜，最要紧的是自己如何看，而不是别人如何看。如果一个女人追求的幸福是处处参照别人的模式，那么她的一生都会悲惨地活在别人的价值观里。

所以，从现在开始，别太在意他人冷漠的表情和窃窃私语，也不必费心思去揣摩别人如何待你，如何评价你，更用不着为了微小的得失、过错而懊悔不已，那不过是人生路上的一个小插曲罢了。多点豁达和超然，在平静喜悦中度过每一天，把时光留给自己，读两本自己喜欢的书，听两首自己喜欢的音乐，你会发现生活充满了阳光。

做回真正的自己吧！因为世界上那个最关注你的人是自己。放下心里的包袱，走自己的路，要记住，海为自己蓝，你为自己活。

做想做的事，去想去的地方

去见你喜欢的人，去做你想做的事，就把这些当成你青春里最后的任性。

——佚名

曾经看过一个国外的故事，心里感触颇深：

两个少年在厕所中相遇，其中一个男孩找另外一个戴帽子的男孩借了点手纸。出了厕所之后，为表感谢，借手纸的男孩给戴帽子的男孩点了一支烟。两个人边走边聊。

戴帽子的男孩说："我最近很郁闷，家里人一直逼着我学钢琴，可我怎么也弹不好。"

借手纸的男孩说："钢琴，一点都不难！我5岁就开始弹了，可烦恼的是家里人总逼着我写诗，天啊，我怎么写得出来？"

戴帽子的一听，笑着从包里拿出了一沓稿纸，说："这个给你吧！拿回去交差。我最喜欢写诗。"

人，一定要做自己喜欢、自己想做的事，如此才能够快乐。或许，在此过程中会遭到周围的人或环境的阻碍，但我们不该为此放弃自己的意愿，有些事一拖延，可能就是一辈子。

日本最年轻的临终关怀主治医师大津秀一，在多年行医的经验基础上，在亲自听闻并目睹过 1000 例病患者的临终遗憾后，写下《临终前会后悔的 25 件事》一书。其中，有很多条都涉及"没有做自己"，比如——没做自己想做的事；被感情左右度过一生；没有去想去的地方旅行；没有表明自己的真实意愿……一个真正爱自己的女人，不会给人生留下这样的遗憾。她们不因任何人的任何话，而改变"活出自我"的初衷。

小时候，她不喜欢跳舞，可在父母的严厉要求下，她还是硬着头皮学了。这一跳舞，就是十五年。

高考时，她想报考旅游英语，在家人的强烈反对下，她还是听了母亲的话，上了一所舞蹈学院。但是后来，在市区的一家医院做了一名护士。

工作后，她交了一个军官男友，父亲却不同意。抵抗不过父亲的百般阻挠，她最终还是妥协了，在亲戚的介绍下，和一个医生结婚了。

结婚后，她和丈夫本来有自己的一套房子，可公婆非要他们搬过去一起住。她知道婆婆是个挑剔的人，本不想每天住在一起，怕生出什么矛盾，自己不开心，也惹婆婆生气。可耐不住老公的劝说，她还是强颜欢笑地和公婆住到了一起。

在别人眼里，她是幸福的。多才多艺，相貌出众，嫁了一个家境好的老公，还有公婆帮忙料理家务……这样的生活，多少女人求之不得。可是，她内心的苦楚又有谁知道？

30 岁生日的那个深夜，她想到自己过去的这些年里，似乎每一次重要的决定，都是别人替自己拿主意。这人生，仿似不是她自己的。那个做义工行走世界的梦想，那个曾在雨中为她撑伞的恋人，一切的一切，都成了无法触摸的梦……她背对着丈夫，留下了一行行眼泪。在咸咸的泪水中，她突然作了一个重要的决定：换一种活法，做自己想做的事，去自己想去的地方。

　　秘鲁大作家马里奥·巴尔加斯·略萨曾说："我敢肯定的是，作家从内心深处感到写作是他经历过的最美好的事情，因为对作家来说，写作是最好的生活方式。"因为喜欢，所以快乐，沉醉其中乐此不疲，金钱和名誉都是可有可无的附加值。若是束缚太多，无法做自己想做的事，久而久之，一定会身心疲惫、无所适从。这个时候，应该学会让自己换一种活法，保持淡定，不为他人的言语和决定而改变自己的意愿，人生自会惬意无比。

　　我们总会听到有女人抱怨，如果当初怎样怎样，现在就能如何如何。可是，时间的大门一旦关闭就不可能再开启，人生就是一场单程的旅途，没有回头的路。生活太累，有太多遗憾，就是因为给了自己太多束缚，不敢打破一切潜在的规则，找回真正的自我。学会把自己的感觉叫醒，放开心胸，放下种种担心和顾虑，勇敢地活出自己。快乐与幸福的秘密之一，就是在有限的生命里，选择做你喜欢的事。满足了自己在乎的事，才会觉得幸福，否则就算守着城堡、财富，都会觉得空虚和乏味。

　　趁自己还年轻，多看几本书，多去几个想去的地方，因为你还有着没有完全被麻木的心，还可以被激励，还可以被感动。有些梦想，再不去闯，就永远只是个梦想。趁他还爱你，告诉他你的感受，跟他一起牵手旅行。趁自己还年轻，趁他还爱你，多制造一些美妙的回忆。

人生都太短暂，时间不等人，有些事情现在不做，就再也没有机会做了。问问自己的心，去爱自己真正爱的人，去做自己想做的事，去做最想成为的自己。

第九章

做个有情趣的女人，遇见最美好的自己

以一种高雅的情趣生活

或挥毫泼墨，或摆棋对弈，或吟诗对弈，有情趣的女人如同山水画有意境一样，能完美地体现女性的妩媚与柔美。做个有情趣的女人吧，让沉闷的生活充满生趣的浪漫，让平淡的生活变得活色生香。相信，你的身上也会散发出一种高雅的魅力，让你看起来生机勃勃、更美丽、更迷人。

无论如何，每月至少读一本书

女人是人间的精灵，不断地阅读能使之怡情增智，美丽容颜，使我们找到一片心灵的净土，并且使我们的风度闪烁着智慧的光芒，显示出经久不衰的魅力。

——美国思想家拉尔夫·沃尔多·爱默生

也许你工作很忙，也许你心情不爽，也许你就是不想读书，可是美女们，当你静下心来，你会发现阅读是一件非常快乐的事情。有人说过，读书的女人从不怕孤独。试想，在夜深人静的时候，一个人坐在台灯下面翻阅一本喜欢的书籍，既有点小资情调又丰富了自己的精神世界，那种美好是不言而喻的，在那么多彩的世界里游走又怎会孤独呢？

可能此时有人会说了，我在少女时期是多么热爱读书啊，只是结婚后没有办法，根本没有时间读书，琐碎的家庭生活、巨大的工作压力把我所有的时间和精力都占据了。

20世纪，全世界的女性都在争取独立，她们希望有平等的受教育权利和公平的就业机会。经过半个世纪的不断争取，最终男权社会还是把公平还给了女性。可是在21世纪，女人们却发现，想在精神上获得独立的难度要远远大于经济独立的难度。

上帝造女人的时候并没有特殊地赋予女人太多的成功天赋，甚至在生理上的某些指标还要弱于男性，因为社会分工的不同，女人在婚后往往是要照顾家庭的，既要关心老公，照顾孩子，还要照顾公婆。而看书是需要时间的。那么，是不是这样忙碌的生活就已经不需要阅读了呢？答案当然是否定的。要想成为一个由内而外散发魅力的女人，生活中是绝对离不开阅读的。

不过，还有一点你不能忘记，那就是你学习的初衷并不是要超越谁，或是做一个学术性的研究员。这就决定你要把所学知识谦虚地、温婉地应用在现实生活中，而不是把自己当成家人的人生导师，把你所学的知识强加在每个人的身上。否则的话，即使你付出再多的努力，家人也不会领情的，甚至还会厌烦引经据典的你。

琳琳是一个非常注重从书本上寻求人生指引的女生，在她的枕边放着厚厚的一摞书籍。学习原本是一件好事，但是琳琳却把学习变成了一种偏激的依赖。

生活中简简单单的事情，琳琳都要在书中查找符合的理论指导。甚至是什么时候结婚生孩子，琳琳都不敢自己决定，必须在书中寻找到确切的佐证后才能决定。这让琳琳的男朋友十分头疼，无奈之下只好提出分手，可是此时的琳琳却说出了让男友彻底死心的话："星座上说，金牛座的我本月会在爱情上有大波折，甚至是丧失挚爱，看来还真的很准啊！"

失去真爱的琳琳不但没有因此感到伤心，而且第一反应还是在参考书籍。这种将灵魂都交付给书本的本本主义根本没有给琳琳带来幸福，相反，带给她的却是可能一生都无法磨灭的伤痛。

物极必反，女性们一定要切记这一点。枕边放有多少本书，并不意味着你在婚姻生活中有了多少胜算。幸福是要靠直觉的指引，智慧的努力。只要你能保持一个不断学习、独立成熟、乐观积极的生活态度，你的命运就一定不会亏待你的。

才学的气场虽然不如美丽那么富于张扬，但它却更深沉、更动人、更长久、更令人神往。有才气的女人，善解人意，知书达理，一颦一笑之间，都有千般情绪万般风情，一眼就能从川流不息的人群中分辨出来，忍不住为她着迷。

说到这里，我们就有必要讨论一下女人该读什么样的书了。其实在这方面，应该说女人和男人是没什么太大差别的。管它文史哲还是政治军事理论，依个人喜好来读就是。女人的阅读无须有任何功利化目的，只因为作为一个女性，她本身所处的生存空间相对狭小，读书只是探索世界、知书达理的一种有效途径。在了解世界的同时，树立自己的人生观、世界观和价值观，而后过上自己理想的生活，所以女性读书涉猎的范围也是越广越好。

不为附庸风雅，不为博古通今，不为功成名就，女人读书，只为一种心灵上的慰藉，甚至是一种生活习惯。

三毛曾写道："但觉风过群山，花飞满天，内心安宁明净却又饱满。"冰心也曾真诚地对世人说过："我永远感到读书是我生命中最大的快乐！"

读书的好处自不必说，不出家门便可拓展视野，增长见识，谁说女人都头发长见识短，关键时刻咱也可以以自己的真知灼见一鸣惊人。另外，阅读是需要心静的，当你渐渐形成阅读习惯的同时，你会发现自己举手投足间不知不觉就多了分娴静的美，那就是你潜在的学识修养。当你阅读的书籍较多时，不知不觉中，你的谈吐开始变得不凡，甚至出口成章或偶成佳作，读着自己心灵流出来的文字时，你会深深体味到那份惊喜与感动。

女人始终都要有自己的爱好

一个人活在世上，必须有自己真正爱好的事情，才会活得有意义。

——佚名

除了家庭和工作以外，你生活里还有没有别的事情吗？你有兴趣爱好吗？如果没有，那真的太糟糕了。因为一个没有一点兴趣爱好的女人简直就像一张没有颜色的纸，很难吸引周围的人，更别提获得欣赏了。

兴趣是人生最好的老师，更是女人修炼气质的捷径，可以使人身心放松，激发一个人积极的情感情绪，进而呈现出五光十色、色彩斑斓的迷人光芒。不论你承认与否，有一两个兴趣爱好的女人活得多姿多彩，生活有质量，总是能够受到更多的尊重和欣赏，甚至有可能成就女人的一生。

有这样一个女士，她原本是一位由于出生时大脑缺氧导致轻微智障的残疾人士。但是，她从 12 岁的时候就开始对唱歌感兴趣，并在妈妈的鼓励下进入了唱诗班。几十年来，尽管生活过得很艰难，但她从来没有放弃过唱歌，一直坚持着这个兴趣爱好。

直到有一天，她在电视机前看到了一期《英国达人》的歌唱比赛。她的母亲鼓励她说："你不是很喜欢唱歌吗？你应该属于那个舞台！"于是，她报名参加了这档电视节目，唱了一首叫《我曾有梦》的歌曲，并且一炮走红。

这位 47 岁的未婚女子，长得一点也不好看，身材胖胖的，但是几乎所有人都被她天籁般的歌声、投入的神情所感动。美国 Youtube 网站有关她精彩演出的片段，在短短的几天当中，点击率上升至 3500 万次，居然超过了奥巴马当选总统之后的就职演说。

相信你已经猜到了，事例中的这个女人就是来自苏格兰的乡村大妈苏珊。35 年，唱歌的爱好支撑着她从一个花季的姑娘到一个无业的大妈，走过一个个辛酸苦涩的岁月，她这块金子总算发光了，她赢得了几乎全世界人民的欣赏。

培养一两个自己的兴趣爱好吧！你会发现它们犹如心灵的一块绿洲，在人生旅途干涸的时候，滋润慰藉你的心灵，支撑你的精神世界，而且它们还可以陶冶你的情操，培养你的气质，让你成为一位优雅的女人，你定会是迷人的、快乐的，说不定哪一天它还会成为你最傲人的资本呢。

也许，你会说："每天的工作、生活那么累，我连放松自己的时间都没有，哪有精力和时间培养兴趣爱好呀？"殊不知，兴趣爱好与工作、生活一点也不冲突，而且它还会给你的工作与生活带来想象力和创造力。

薇薇是某广告公司的文案策划，有一个体贴的老公，一个可爱的女儿，周围的人总是说："薇薇，你精力真旺，精神真好"、"薇薇，你过得真幸福，真羡慕你。"说实话，薇薇也对自己的生活很满意，不过她知道这一切都是兴趣爱好带来的。

薇薇的兴趣比较广泛，只要是一切美的事物，她都喜欢。她有几项固定的兴趣爱好，比如，画画、看书、做瑜伽、听音乐、唱歌……生活几近枯燥乏味，薇薇就通过自己的这些兴趣爱好陶醉在自己的世界里，充实自己的生活，而这也是她快乐的动力。不过，生活对薇薇也不总是"微笑"的，工作、家庭中难免会发生不愉快的事情，此时薇薇依然会用自己的喜好来调整自己，比如，组织几个姐妹去 KTV 唱歌，在放声高歌中排解压力，在音乐中释放自己的感情。

兴趣爱好不但会带给薇薇心灵的宁静，还令她从爱好中陶冶性情，修心养性，提高自己的生活品位和素质，发现生活的新天地，她工作的灵感一次次迸发，多次得到了老板的表扬，赢得了老公的万般宠爱。

当工作疲惫时，兴趣爱好令你心灵放松；当遇到挫折烦闷时，它让你暂时忘却一切的烦恼和不快；甚至在你的人生之路面临绝境的时候，它让你山重水复疑无路，柳暗花明又一村！更何况，兴趣爱好组成了女人生活中一个非常重要的部分——气质，这样的女人本身就是一种美，有谁不欣赏呢?!

你的兴趣爱好是什么？快快行动起来吧！如果你现在还不明确，没有关系，好好回想一下，你从事哪项活动的时候曾有过满足、快乐、开心，甚至是兴奋的感觉，那就是你的兴趣所在。想到了，就开始行动吧！

当然，我们所提倡的兴趣爱好一定要是健康高雅的，比如，广阅群书、琴棋书画、练瑜伽、国际象棋、鉴赏古物、品酒、游泳等都是可以的。写作让你丰富自我，音乐可以让你接近灵魂，绘画可以提高你的审美，DIY 使你变得心灵手巧……

看见了吧！这就是兴趣爱好的魅力，是任何化妆品也修饰不出来的优雅和高贵，你值得拥有。当你拥有自己的兴趣爱好，并能够为此付出努力，就等于掌握了活得漂亮、赢得他人欣赏的一把"金钥匙"。

诗意栖居：在慵懒中得道

慵懒是一种富有情调的生活方式，是一种忠于自身感受的妥协。给自己一个慵懒生活的机会，给自己的心灵带来瞬时的自由，生活可以因此变得轻松而充满诗意，幸福的感觉便会不期而至。

——佚名

现代社会中，几乎每个女人都在为生活忙碌着，为了实现自己的目标而不懈努力，这应该是值得肯定的，毕竟曾经有人说过"人生在于奋斗"。然而，在这个奋斗的过程中，偶尔慵懒一会儿也是非常重要的。

在自然界里，春夏生机勃发，万物生长，到处莺歌燕舞；秋冬万物沉寂，处于休眠状态。人本身也属于自然界的一部分，所以理应懂得休养生息，顺应自然规律，偶尔要慵懒地生活一下。

"此身常放在闲处，荣辱得失，谁能差遣我？此身常在静中，是非利害，谁能瞒昧我？"这句话出自于明初洪应明所著的《菜根谭》，意思是说，经常把自己的身心放在安闲的环境中，世间所有的荣华富贵和成败得失都无法左右我，经常把自己的身心放在安宁的环境中，人间的功名利禄和是是非非就不能欺骗蒙蔽我。

每个女人的心里都有一份对无拘无束、清心寡欲的生活状态的向往，慵懒就是这样一种富有情调的生活方式，是一种忠于自身感受的妥协。给自己一个慵懒生活的机会，没有过多的要求，只要那颗心能跟着慢下来便好。

一杯咖啡，或一堆零食，沉浸在婉转的音乐里，翻看许久不曾碰触的杂志……这就是一种慵懒的情调。以慵懒的姿态生活，即使是生活在尘世喧嚣中，也可以过一种非常诗意、自得其乐的日子。

陈露是一个再普通不过的女孩，天天踩着高跟鞋一手夹着公文包、一手拿着手机，挤公交车上班，坐地铁下班，来往于职场和商场之间，奔波于烦嚣、喧闹之中。然而，她懂得慵懒的妙处，让生活充满了品位和情趣。

甜而不腻的下午茶，是陈露一项必不可少的节目，不论在黑夜还是白昼、雨季还是晴天，经常可以看到她坐在咖啡馆靠窗的位置，一杯卡布基诺，一块蓝莓蛋糕，还有一本时尚杂志。美丽适可而止，清新乍隐乍现。

每逢周末，陈露从来不让自己加班。她或约上几个知心朋友品品咖啡，喝喝茶，谈谈人生，健健身，或者穿上T恤、帆布鞋等，一个人带着简单的行囊，一部相机、一个笔记本、一部手机到喜欢的城市去度假……

陈露时而哀伤，时而甜美；时而童真，时而轻松。她工作时不敢懈怠，绝不落后，又把生活安排得精致、典雅、细腻。这份不紧不慢、自得其乐的感觉，是一种品位，一种情调，更是一种从容淡定。

在一般人的心目中，慵懒的生活只是属于有钱人的。其实未必那样，慵懒其实是深谙于内心的感觉，是一种生活情趣，是一种内心品位，与财富没有多大的关系。虽然具备了物质基础，但是，如果没有慵懒的心态还是不成。

有这样一个老板，他是公司的主创人，退休时已经拥有了6亿元左右的资产，但是他对任何事情都放不下心来，总是担心别人这做不好那做不好，几乎每天都要往公司跑，事无巨细地嘱咐员工们。这位老板本来有足够的财富，也有自己可以支配的时间，但是他没有愿意慵懒的心态，把自己搞得整天就跟上了发条似的，只知道一味地向前向前，连正常的休息都无法顾及，何谈慵懒地生活?!

实际上，要想慵懒地生活，与时间和金钱没有多大的关系，而是要必须学会放弃。放弃的也许是名利、金钱、地位，还有一些声色犬马的显赫，如此就能够得到恬淡、平静、安逸、亲情与天伦之乐，还有身心自由的畅快与放纵，使整个人看上去更神采奕奕，更有吸引力。既然如此，我们何乐而不为呢?!

在欧盟，希腊是排名倒数第二的国家，除了航运业、农业、旅游业和与之相关的工艺品制造，其他乏善可陈。但希腊人并不在乎自己国家的经济实力有多雄厚，他们在乎的是能享受他们的慵懒生活———

对于希腊人来说，周末是铁打不动应该休息的日子。这一点，从周日所有的专卖店"整歇"就可以看出端倪。其实不仅是专卖店，所有的店铺也一律关门歇客，就连餐厅也不例外，即使是游客络绎不绝。

在雅典，公司员工一般是早上10点到11点出现，晚上7点左右下班。所以希腊人往往在9点钟开始晚餐，结束后再去酒吧或咖啡馆里喝上一杯，让身体慢慢放松，沉浸在夜晚清凉的海风中。

度假，是希腊人休闲生活里最重要的部分。在爱琴海上像珍珠一样散落着 2000 多座美丽的岛屿，有人居住的就有 170 多座，其中很多都变成了度假天堂。希腊人举家外出，在小岛上尽情享受阳光、海水、沙滩，以及有海风和啤酒的宁静夜晚。

希腊人无穷的艺术灵感，也许就是在这慵懒中酝酿出来的，而每一个来到希腊的游客，都会放慢脚步。如今希腊是全世界向往的度假胜地。对中国人来说，光是希腊这个名字，就能让人产生无数浪漫的想象。

不要再觉得在快节奏的生活中，享受与闲适是不可能的。我们不妨来看看美国著名心理咨询专家理查德·卡尔森在他的《让事情更简单》一书中的建议——每天度个"迷你假"，他这样写道：

在上班时给自己一个短暂休憩的机会，不论你在这个"迷你假期"做些什么，都会对你大有益处的。那是你的特殊时间，如果可能的话，请让它变成生活中不可或缺的一种习惯。你或许想找朋友喝杯咖啡、吃顿午餐，清晨一起去散步，或一个人上网、跑步、看日出、遛狗、静坐冥想等，只要做任何能使你放松的事情即可。"迷你假期"不仅能帮你减压，还是调整身心的重要枢纽。

……

无论再怎么疲惫或忙碌，只要拥有一种情调心态，时刻的慵懒都是没有问题的。它不是沉沦，更不是堕落，而是生活中最好的一种调味料。这样，给自己的心灵带来了瞬时的自由，生活可以因此变得轻松而充满诗意，幸福的感觉便会不期而至——如同踮起脚尖，就能接触到阳光。

给生活以时间，去把梦想实现

一切努力都为了追求那事物内在美的实现，千万别丢了理想，丢了信念。要坚信，一切都是为了更美好的未来。别催促上帝的安排，给生活以时间，去把理想实现。

——美国记者安娜·路易斯·斯特朗

你有梦想吗？假如你的回答是"没有"，那么你得到别人欣赏的机会不会太多，你的生活也不够漂亮。这绝对不是危言耸听，因为梦想是女人精神世界的支撑，是女人心灵的绿地。一个没有梦想的女人，心灵是枯萎甚至荒芜的，即使长得再美丽，也不会令人神往，这就好比一颗失去光芒的钻石。

对此，哲人周国平曾这样说过："一个有梦想的人和一个没有梦想的人，他们是生活在完全不同的世界里的。"如果你与那种没有梦想的人一起旅行，一定会觉得乏味透顶。一轮明月当空，他们最多说月亮像一个烧饼，压根儿不会有"明月几时有，把酒问青天"的豪情，面对苍茫大海，他们只看到一大潭水，决不会像安徒生那样想到美丽的海的女儿……

有些女人原本是有梦想的人，只是后来随着年岁的增长，社会竞争的加剧，生活中林林总总的琐事占据了大部分时间，放弃了自己的梦想。谈及梦想，有人会无奈地摇摇头说梦想终究只是一场办不到的空望；有人甚至会嘲笑说梦想不过是小孩子的狂妄。

如果你也这样想的话，那么你将时常感到没有精神，身心疲惫不堪；感觉生活就像一潭死水，无聊枯燥，看不到希望的循环往复！因为任何东西也取代不了梦想在一个人精神世界中所占据的分量，取代不了它带来的精神愉悦。

一个真正善待自己的女人，永远都会善待自己的梦想，依靠着梦想陶冶自己的情操，培养自己的气质和修养，将灰色的现实加上了粉色的底片。无疑，这种女人的生活势必会多姿多彩，也更能赢得别人的欣赏。

26岁的许柠长相普通，身材平平，但她一直是个有梦想的女人。上学时，她梦想自己拥有青春美丽的笑容，有很不错的成绩；工作时，她梦想自己工作能力出众，遇见喜欢的男生；恋爱时，她想象有全世界最漂亮的婚纱，是人人羡慕的漂亮新娘，向往生一个健康漂亮的小宝宝……

就这样，许柠就像拿着一支画笔，不断勾勒出生活的轮廓，并慢慢接近梦想中的样子。她发现梦想是那么地重要，甚至主宰了自己的快乐，如果没有了可供向往的未来，每天都活得没有动力；如果拥有了向往，就会对未来充满期待，有迎接挑战的勇气。

大学同学聚会上，依然那么漂亮的许柠让同学们眼前一亮，尤其是一些女同学纷纷向许柠讨教秘诀。看着那些脸上写满了生活琐事的同学，许柠问道："你们的梦想是什么？"很多人都无奈地表示：现在只想怎么把现实中的日子过好，管它什么梦想。"这就是你们的不幸所在，因为生命里一件宝贵的东西——梦想，已经没有了。"许柠只是爱"做梦"，但她拥有的比全世界还要多。

梦想是一个人内心对人生、对自己的一种渴望，是一个神奇的东西。有了梦想，人就会变得积极，不畏挑战，不畏艰难。梦想一旦在你心里扎了根，你周身总是给人一种充满希望的感觉，别人自然会不自觉地向你靠拢。因此，别让生活的琐碎把美丽的自己打败，要为自己编织华美绮丽的梦。

世间最容易的事是坚持，最难的也是坚持。说它容易，是因为只要心中有信念，每个人都可以做到；说它难，是因为能够真正坚持下来，能够给梦想足够时间的人，太少。无论生活多么烦琐，处境多么艰辛，那些坚持梦想的女人，最终总会在平凡中蜕变，成为被众人所欣赏的气质女人。

美国的玫·琳凯女士，46岁时突然接到了降职通知，理由让她感觉很不舒服：因为她是女性而受到歧视。备受心理伤害的玫·琳凯决定建立一家给所有女性提供平等机会、帮助更多女性实现自我价值、丰富女性人生的公司。

1963年9月3日，玫·琳凯在这个梦想的支撑下，正式建立了玫琳凯化妆品公司。当时，公司的资金只有5000美元，办公场地是一间46平方米的仓库，员工只是9名普通的家庭妇女，但玫·琳凯对自己的梦想充满了向往，干得相当有劲儿。经过几年的不断发展，玫琳凯公司成了一家跨国的大型化妆品企业集团，拥有全美最畅销的护肤品和彩妆品牌，如今它拥有130万名美容顾问，分公司遍布在36个国家和地区，年营业额达25亿美元。

全球上百万的女性，因为玫琳凯化妆品公司而变得美丽，更因为它而获得了发展事业的机会。与此同时，玫·琳凯女士也被美国电视网站评为

20 世纪的妇女精英。这一切的发生，都始于玫·琳凯女士的一个念头，一个简单的梦想。

玫·琳凯女士被辞退后，并没有消极以对，而是用自己的梦想感染数以万计的女人，让她们与自己一样，活得漂亮，活得精彩。假如她只是想想而已，不付诸行动的话，根本就不可能有这么大的成就。因此，你要想改变你的气质乃至人生，那么就把梦想当成对自己一生的"承诺"，严肃而认真地去实践它吧！

你有多久没做梦了？你的梦想是什么？还记得吗？永葆青春，买名牌衣服和鞋，有个美满幸福的家庭？无论是什么，为生活而努力，为理想而奋斗，追随着自己的内心，在时间的跑道上，不抱怨、不放弃，你就会最终走到心中的目的地，与最好的自己相遇，生活也会变得精彩和有意义。

孤独是人生的一段好时光

一个人的世界，很安静，安静得可以听到自己的呼吸声和心跳声。冷了，给自己加件外套；饿了，给自己买个面包；病了，给自己一份坚强；失败了，给自己一个目标；跌倒了，在伤痛中爬起并给自己一个宽容的微笑。

——当代著名画家、诗人、散文家席慕蓉

多数女人害怕孤独，总觉得孤独意味着没有朋友，生活单调乏味。殊不知，缺乏独处的生活，远比孤独更可怕。

澳大利亚的一位动物学家，曾经从亚马孙河流域带回两只猴子。其中一只长得非常壮硕，另一只瘦瘦小小的。动物学家把它们分别关在两个笼子里，每天都精心喂养，观察它们的生活习惯和变化。奇怪的是，一年之后，那只壮硕的大猴子竟然死了，而那只瘦猴子却活得好好的。为了不中断自己的研究，动物学家又找来一只壮硕的猴子，可是没过几个月，情况又和上一次一样，壮硕的猴子死了。

数年之后，动物学家重返当年那个地方，对猴群进行研究。结果发现，体格壮硕的猴子总是在追逐打闹，而那些瘦弱的猴子则更喜欢安静地待着，独自晒晒太阳，闭目养神，情绪非常平稳，所以它们能够长时间地活下来。最后，动物学家得出了结论：缺乏交往的生活是一种缺陷，缺乏独处的生活则是一种灾难。

我们不该害怕孤独，更不该遗忘孤独。真正的孤独是一种享受。它教我们远离红尘，冷静地想想自己的过与失，还能把自己放在一个适当的角度深刻解剖。哈瑞·艾默生·福斯狄克说过一句富有诗意的话："不能忍受独处生活的人，就像受风吹拂的池塘，风不停，永远无法获得平静，不能展现自己美好的东西。"

某天下午，办公室里的三个女人，正演绎着一台"戏"。

胖乎乎的女孩 A 开心地吃着下午茶，嘴里说道："呵，男朋友给买的，刚刚开车送来，知道咱们临时办公的地方偏僻，没有卖好吃的地方……"邻桌的女同事 B 好生羡慕，故意提高嗓门说："唉，真幸福，怎么就没人给我送呢？"说完，转过头对着不太爱凑热闹的 C 说："看看人家，你也赶紧找个送爱心零食的人吧！"C 对于这种问题，实在很无奈，只好回应着说："那你给我找一个吧！"

其实，C 心里想说：为什么一定要找一个可以给自己买零食的人呢？自己也可以去买。没有恋人，不代表过得不好，一个人的生活同样可以很诗意、很灿烂。恋爱结婚都是顺其自然的事，若是非要等到那时再去体味幸福，那么之前一个人的时光岂不白白浪费了吗？

她是这么想的，也是这么做的。30 岁的她，不觉得一个人的日子很孤独。情人节那天，多少女人看到出入成双的情侣心生羡慕，可 C 却很淡然，她给自己买了一盒巧克力，到电影院看了一场电影，过得也很有情调。她相信，该来的总会来，不管是一个人还是两个人，都只是生活的方式，它们的内容应该是一样的，那就是充实和幸福。

没有人能够同你相依一辈子，除了你自己，孤独、寂寞是生命之曲的基调。女人 C 的那种清美，那种不急不躁、不卑不亢、静心等待、懂得珍惜的心境，无疑给每个女人上了一堂心灵课。

这个世上没有谁可以忍受绝对的孤独，但是，绝对不能忍受孤独的人却是一个灵魂空虚的人。人生在世，既需要与人交往，从相处中获得快乐，也要重视自己内心的修炼，从宁静的独处中感悟人生。你不必离群索居，更不必终日把自己关在房间里，只要每天抽出一点时间静一静，把独处静思融入工作、学习之余，就可以让心灵得到休憩。

安洁距离上一次恋爱，已经有两年的时间了。感情上的空白，似乎掏空了她的心，让她难以适应一个人的生活。上班的时候，她挂着 MSN 和QQ，一天的时间里有 1/3 是在与朋友闲聊。下班后的她，更是不愿意回家，实在找不到一起吃晚饭的人，她就一个人到游戏厅玩，或是去夜店。过去，她很少去夜店，也很少喝酒，可如今的她却越发地喜欢"凑热闹"，在人群中感觉不孤单，可回家后却更觉得空虚。

直到前不久，她在网上遇到了一个几年未见的密友。那位朋友如今人在国外，单身。说起彼此这两年的近况，她突然觉得有点惭愧。朋友 22 岁那年到英国读研，毕业后一个人走了许多个国家，还曾经做过义工，朋友给她发了不少照片，每一张似乎都是一种经历。她的生活是那样充实，她的笑是那么灿烂，丝毫看不出这个身处异国他乡的女人，有孤独和失落之态。

同样是女子，同样是单身，为什么我如此浮躁？她那颗空空的、漂浮着的心，突然间好像落了地，她决定告别那个害怕孤单寂寞的自己，重新开始一个人的生活。她不再煲电话粥倾诉自己的寂寞，也不再上网聊天打发时间，工作中的她很投入，生活中的她很惬意，看看书，听听音乐，练练瑜伽，报一个喜欢的兴趣班……这一次，她体会到了什么叫作"一个人的精彩"。

安洁远离了喧嚣与嘈杂的环境，给自己一片并不需要很大的独处空间，将过去的日子在一个人的时光里轻轻地梳理与慢慢地沉淀，凌乱不堪的生活逐渐变得清澈，她空虚的心灵又重新找到了久违的厚实感。其实，孤独不可怕，可怕的是不懂得孤独的深意，没有在孤独中沉下那颗漂浮的心，把那份宁静当成了冷清。沉湎于浮躁和焦虑中，自然体会不到孤独所拥有的那独特的滋味。

不管是喧嚣的热闹还是一个人的寂寞，都是人生必经的过程。在纷繁复杂的尘世间，女人该拥有一份属于自己的时光，让灵感在孤独中萌发，让思想在孤独中闪烁，让美丽在孤独中更具内涵。如此，才能在漫漫的人生旅途上走得更加从容与沉稳，并且修得一种超凡脱俗的气质。

享受吧，一个人的旅行

只有一个人旅行的时候，你才听得到自己的声音。它会告诉你，这世界比想象中的宽阔。

——佚名

在微博上看到了这样一句话：一辈子总该有那么一回，无所畏惧地背起行囊去独自旅行。这句话，不禁令人联想起一部慢节奏的电影，《美食祈祷和恋爱》。

女主角伊丽莎白是一个30岁的女人，拥有着一个美国成功女性应该拥有的一切：成功的事业、丈夫、大房子。表面上看起来她很幸福，可实际上她并不知道自己真正要的是什么。她的心，多姿多彩，五颜六色，始终没有为自己空白的经历。用她自己的话说："15岁起，我不是在恋爱就是在分手，我从没为自己活过两个星期，只和自己相处。"年幼时她曾经以为长大后的自己会是儿女成群的母亲，可是婚后的她才发现，自己既不想要孩子，也不想要丈夫。这种纠结让她终日生活在悲伤、恐惧和迷惘中。

为了给自己时间和空间想清楚，伊丽莎白辞掉工作，走出变质的婚姻，摆脱所有的物质羁绊，开始了一个人的旅行。这一走，就是一年。

在意大利罗马，她品尝美食，尽享感官上的满足，在世间最好的比萨与美酒的陪伴下，她感觉到了灵魂的重生。在印度，当地的古鲁和一位牛仔帮助她用四个月的时间走进自己的精神世界，与瑜伽为伴的日子，洗涤了她那颗混乱的心。在印尼的巴厘岛，她找到了平衡世俗享乐和精神超越的艺术，并意外地收获了爱情。

尽情享受美食，感受生活的美好；了解自己的内心世界，与心灵对话；平衡身心，品味爱情，这一切都发生在路上，发生在伊丽莎白一个人独行的日子里。这一场旅途，是一种改变人生的经历，收获的不仅仅是旅途中的风景，而是细微事物给予心灵的感动，以及在孤独中的身心净化。

著名现代作家周国平在其著作《灵魂只能独行》中写过这样一段话："灵魂永远只能独行，即使两人相爱，他们的灵魂也无法同行。世间最动人的爱不仅是一颗独行的灵魂与另一颗独行的灵魂之间的最深切的呼唤与应答。灵魂的行走，只有一个目标就是寻找上帝。灵魂之所以只能独行，是因为每一个人只有自己寻找，才能找到他的上帝。"

伊丽莎白的那一场一个人的旅行，无疑是一场寻找自我灵魂之旅。过去的生活之所以让她感到压抑和迷茫，是因为少了自己的精神世界，用外界的一切来填补心灵的空虚，却从未问过自己的内心真正需要的是什么？长达一年的独行，并不是一场简单的独自旅行，更重要的是独自行走时，寻求精神世界的富足，借助一个人的时光来感悟生活、感悟生命。

人生如旅。能够找到一路携手的人固然是幸事，可有些时候，有些路只能一个人走，有些风景只能一个人欣赏。耐得住寂寞，善于给自己寻找乐趣和方向的女人，从来不会孤单，大洋深处一次灵魂的呼吸，美术馆里一个静谧的下午，一杯香醇甘甜的美酒，都可以让她们感到惬意和安然。

一个人未必孤独，两个人未必不孤独。伊丽莎白从 15 岁到 30 岁，十几年的时间里，她都生活在与人为伴的日子里，可到最后她依然觉得空虚寂寞，甚至不知该何去何从？后来，独自一人走在路上，看陌生的风景，遇见陌生的人，可心情却大不一样，那种充实与满足感，是之前从未有过的。既然如此，我们何不寻求自我的精神绿城呢？一个人的旅途是随意的、洒脱的，有更多支配的时间，也有更多支配的可能。

孤独的时候，就是从繁杂的生活中抽出身来，回到只有自己的境界，而后寻找自己灵魂生长的必要空间。与人一起游山玩水，不过是旅游和消遣，唯有独自面对浩瀚的大海时，才能够真正感受到自己与大自然心灵的沟通。不管是一个人的旅途，还是一个人的生活，女人都该耐得住寂寞，把孤独当成一种绝美的心境来体会。